HAFTUNGSAUSSCHLUSS

Für dieses Buch erhebt der Autor nicht den Anspruch auf Vollständigkeit. Es ist als Hilfestellung für Neulinge im Bereich des Rechnungswesens oder auch für Auszubildende in kaufmännischen Berufen zu sehen. Auch ist das Buch nicht als Maßstab für die Gestaltung und Ausführung der eigenen, betrieblichen Buchführung anzusehen. Im Zweifelsfall sollte immer mit einem Steuerberater und/oder der Finanzverwaltung Kontakt aufgenommen werden. Die Namen von Personen und Unternehmen sind frei erfunden. Ähnlichkeiten mit dem Namen lebender oder verstorbener Personen sind nicht beabsichtigt.

FSC
www.fsc.org
MIX
Papier aus verantwortungsvollen Quellen
Paper from responsible sources
FSC® C105338

Rechnungswesen
für Ausbildung und Beruf

WOLF-DIETER SCHELLIN

Korrektorat: Kristin Grauthoff

Herstellung und Verlag:
BoD – Books on Demand, Norderstedt

ISBN 9783739246079

Bibliografische Information der Deutschen Nationalbibliothek:
Die Deutsche Nationalbibliothek verzeichnet diese Publikation in der Deutschen Nationalbibliografie; detaillierte bibliografische Daten sind im Internet über http://dnb.d-nb.de abrufbar.

Inhalt

Teil I

Buchführung

Definition des „Rechnungswesens“

Das Rechnungswesen eines Betriebes setzt sich aus *verschiedenen Abteilungen*, bzw. Aufgabenbereichen zusammen. Abhängig von der Unternehmensgröße übernehmen diese Aufgaben ganze Arbeitsgruppen oder aber auch einzelne Mitarbeiterinnen und Mitarbeiter. Folgende Aufgabenbereiche zählen dazu:

- Finanzbuchhaltung
- Kosten- und Leistungsrechnung
- Statistik
- Planung

Grundlagen der Finanzbuchhaltung

Die Buchführung wird auch Finanzbuchhaltung genannt (kurz FIBU) und ist Bestandteil des Rechnungswesens. Sie gehört zum externen Rechnungswesen - die Vorgänge in der Finanz-buchhaltung sind gesetzlich geregelt, das Unternehmen hat somit in der Ausführung kaum Freiheiten.

- Feststellung von Vermögen und Schulden
- Dokumentierung aller Veränderungen von Vermögen und Schulden
- Ermittlung der betrieblichen Erfolge (Betriebserfolg und Unternehmenserfolg)
- Bereitstellung von Zahlen für die Preiskalkulation
- dient der innerbetrieblichen Kontrolle

Rechtsvorschriften

- Einkommenssteuergesetz

Das Einkommensteuergesetz (EStG) regelt die Besteuerung der unterschiedlichen Formen an *Einkommen.* Zum Beispiel sind dies *Einkünfte aus nichtselbständiger Arbeit*, die Angestellte erzielen oder *Einkünfte aus Kapitalertrag*, die bei der Verzinsung von angelegtem Kapital anfallen, die bei der Verzinsung von angelegtem Kapital anfallen.

- Umsatzsteuergesetz und Durchführungsverordnung

Hierzu finden Sie umfangreiche Informationen auf den *Seiten 52ff.*

- Abgabenordnung

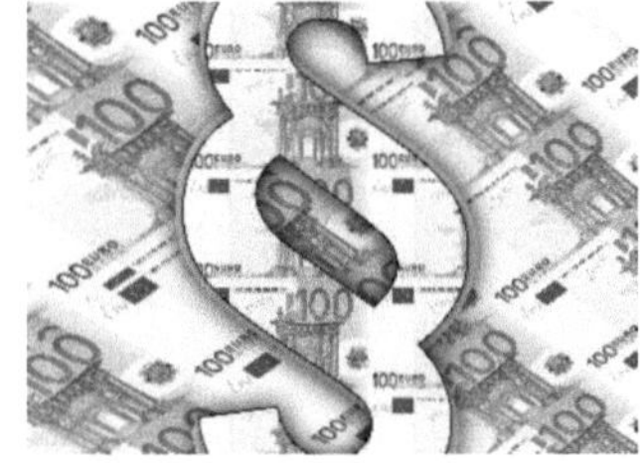

In der Abgabenordnung ist geregelt, welcher Steuerzahler mit welcher Frist seine Steuererklärungen abzugeben hat. Ebenso wird darin festgehalten, zu welchem Zeitpunkt die erklärten Steuern fällig sind und welche Strafen (Verzugszinsen, Verspätungs- und Säumniszuschläge) der Steuerpflichtige zu zahlen hat.

- GmbH – Gesetz

In diesem Gesetz sind alle die GmbH betreffenden Regularien verzeichnet. Die Haftungsbeschränkung bringt es mit sich, dass in dem Gesetz besonders auf die Rechte und Pflichten der Gesellschafter und der Geschäftsführer eingegangen wird.

- Aktiengesetz
- Publikationsgesetz

Dieses Gesetz regelt, bis zu welcher Zeit ein Unternehmen seinen Jahresabschluss im *Elektronischen Bundesanzeiger (eBanz)* veröffentlicht haben muss. Zudem sind dort auch die Strafen festgelegt, die Unternehmen zu zahlen haben, wenn die gesetzten Fristen und Nachfristen nicht eingehalten werden.

- Grundsätze ordnungsgemäßer Buchführung (GoB)

Auf diese Grundsätze gehe ich auf *Seite 20* dieses Buches ein.

Unternehmensformen

In Deutschland gibt es unterschiedliche Unternehmensformen. Zum einen unterscheiden sie sich in der Haftung und der Zusammenarbeit der Gesellschafter untereinander. Andererseits handeln in manchen Gesellschaften Anteilseigner als reine Kapitalgeber und sind nicht an der Geschäftsführung beteiligt. Im Folgenden gebe ich Ihnen ein paar Informationen zu den gängigsten Formen inländischer Gesellschaften.

Deutsche Industrie

GmbH – Gesellschaft mit beschränkter Haftung

Diese Gesellschaft kann von mindestens einem Gesellschafter gegründet werden. Sie haftet mit Ihrem Stammkapital, das mindestens € 25.000,00 betragen muss. Das Kapital kann in Barwerten oder aber auch in Form von *Sacheinlagen* eingebracht werden. Die Gesellschaft wird als Kapitalgesellschaft in der Abteilung B des Handelsregisters eingetragen. Die Gewinnverteilung erfolgt nach den Anteilen am Stammkapital.

KG – Kommanditgesellschaft

Hierbei handelt es sich um eine *Personengesellschaft.* Sie ist von mindestens zwei Gesellschaftern zu gründen. Der eine ist der *Komplementär*, der so genannte *Vollhafter*, der sowohl mit seinem Gesellschaftskapital, als auch mit seinem Privatvermögen für die Verbindlichkeiten der KG einsteht.

Der oder die anderen Gesellschafter sind die *Kommanditisten*, die *Teilhafter*, die nur mit ihrem Anteil am Gesellschaftskapital haften. Die KG wird in die Abteilung A des Handelsregisters eingetragen. Das Kapital der KG wird den Gesellschaftern mit 4% verzinst, der verbleibende Gewinn wird in einem angemessenen Verhältnis verteilt.

GmbH & Co. KG

Bei dieser Gesellschaft handelt es sich um eine Personengesellschaft, deren Eintragung somit in der Abteilung A des Handelsregisters erfolgt. Sie ist nahezu identisch mit der *Kommanditgesellschaft,* wobei es sich bei dem *Vollhafter* um eine *GmbH* handelt, die *Kommanditisten* jedoch natürliche Personen sind. Die Gewinnverteilung erfolgt wie bei der KG.

OHG – Offene Handelsgesellschaft

Die OHG wird als Personengesellschaft in die Abteilung A des Handelsregisters eingetragen. Sie muss von mindestens zwei Gesellschaftern gegründet werden. Alle Gesellschafter sind mit der Führung der Geschäfte betraut und haften gesamtschuldnerisch. Die Haftung aller Gesellschafter erstreckt sich im Bedarfsfall bis zum Privatvermögen. Entsprechend ihrem jeweiligen Anteil am Kapital erhalten die OHG-Gesellschafter eine 4%ige Verzinsung. Der Rest des Gewinnes wird *nach Köpfen* verteilt.

GbR – Gesellschaft bürgerlichen Rechts

Diese Gesellschaftsform ist der Zusammenschluss mehrerer natürlicher Personen. Der Gesetzgeber schreibt nichts zur Verteilung des GbR-Gewinnes vor. Vielmehr müssen sich die Gesellschafter auf einen Verteilungsschlüssel einigen. Die Gesellschaft wird nicht ins Handelsregister eingetragen.

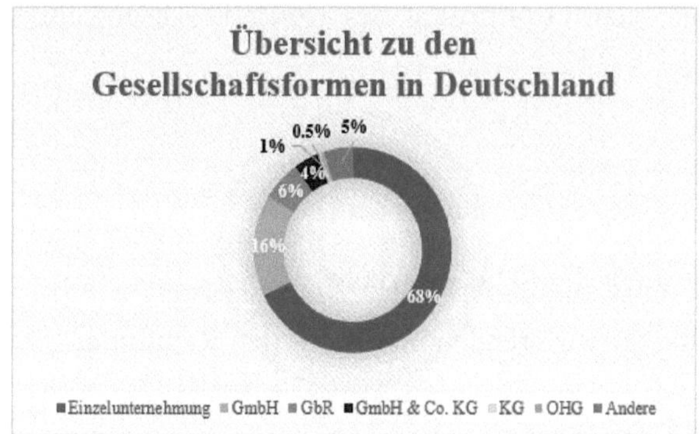

Quelle: Bundesamt für Statistik.
Die Erhebung stammt aus dem Jahr 2013.

Einzelunternehmung

Die am häufigsten in Deutschland vorkommende Unternehmensform ist die „Einzelunternehmung“. Natürliche Personen gründen ihr Unternehmen durch Gewerbeanmeldung beim zuständigen Ordnungsamt. Freiberufler hingegen müssen nur das zuständige Finanzamt informieren. Einzelunternehmer genießen keinerlei Haftungsbeschränkung und haften somit auch mit ihrem Privatvermögen.

Die Pflicht zum Führen von Büchern

Die Buchführungspflicht verlangt die Aufstellung von Jahresabschlüssen nach den Vorschriften des HGB. Diese enthalten mindestens Bilanz und Gewinn- und Verlust-Rechnung (GuV) → *Seite(n)156 + 174.*

Buchführungspflicht nach dem Handelsrecht

Kaufleute und freiwillig Bilanzierende unterliegen den Richtlinien des Handelsgesetzbuchses.

§ 238 HGB schreibt vor, dass jeder Kaufmann im Sinne von § 1-7 HGB zur Buchführung verpflichtet ist und seine Vermögenslage und Geschäfte unter Berücksichtigung der Grundsätze ordnungsgemäßer Buchführung darzustellen hat.

Auch Unternehmen, deren Geschäftsvolumen einen in kaufmännischer Weise eingerichteten Geschäftsbetrieb erfordert oder die freiwillig im Handelsregister eingetragen sind, gelten als Kaufleute und müssen Bücher führen.

Buchführungspflicht nach dem Steuerrecht

Aus § 140 AO ergibt sich für alle, die aus anderen als steuerlichen Verpflichtungen Bücher führen müssen, die Verpflichtung, dieses auch für steuerliche Belange zu tun.

Wer ist nicht buchführungspflichtig[1]?

§ 241a HGB nimmt Unternehmer, die in zwei aufeinander folgenden Geschäftsjahren nicht mehr als € 600.000 Umsatzerlöse und € 60.000 Jahresüberschuss aufweisen, von der Buchführungspflicht aus. Bei Überschreiten dieser Grenzen ergibt sich nach Aufforderung durch das Finanzamt eine so genannte originäre (grundlegende) Pflicht zur Buchführung - auch dann, wenn sich aus anderen Gründen keine Verpflichtung dazu ergibt.

§ 141 AO befreit Angehörige der so genannten freien Berufe von der Buchführungspflicht, es sei denn, das entsprechende Unternehmen ist eine Kapitalgesellschaft oder Handelsgesellschaft und somit als Formkaufmann anzusehen.

Buchführung hat neben außerbetrieblichen Funktionen auch einen innerbetrieblichen Nutzen, in dem der Unternehmer jederzeit einen guten Einblick in die Vermögensverhältnisse seines Betriebes hat. Durchaus macht Buchführung also auch auf freiwilliger Basis Sinn.

---

[1] *Gesetzesstand Januar 2016; Gesetzesänderungen sind zu berücksichtigen*

Die „Bücher“ der Buchführung

In jeder Buchhaltung werden *zwei Arten von Büchern* geführt:

- das *Grundbuch* zeichnet alle Buchungen in zeitlicher Reihenfolge auf,
- das *Hauptbuch* erfasst alle Buchungen nach sachlichen Gesichtspunkten auf den entsprechenden Konten.

Grundbuch Hier werden alle Geschäftsvorfälle in chronologischer Reihenfolge erfasst, weshalb das Grundbuch auch Tagebuch oder Journal genannt wird. Jedem Geschäftsvorfall wird eine laufende Nummer zugewiesen, außerdem sind neben dem Buchungsdatum und den angesprochenen Konten auch Betrag, Buchungstext und Belegnummer aufgeführt.

Hauptbuch Die im Grundbuch erfassten Daten werden in das Hauptbuch übernommen ("gebucht"). Im Gegensatz zum Grundbuch ist das Hauptbuch nach sachlichen Gesichtspunkten geordnet, nämlich nach Konten. Weil die Konten früher auf Karteikarten geführt wurden, wird auch heute noch in diesem Zusammenhang von "Kontenblättern" gesprochen.

Weder das rein nach zeitlichen Kriterien geführte Grundbuch noch das stark verdichtete Hauptbuch sind im Alltag besonders aussagekräftig, wenn es zum Beispiel darum geht, die offenen Rechnungen eines

Unternehmens bei einem bestimmten Lieferanten zu ermitteln. Daraus ergibt sich die Notwendigkeit, *Nebenbücher* zu führen.

In diesen werden ausschnittsweise bestimmte Unternehmens-bereiche dargestellt.

Beispiele für Nebenbücher

Kontokorrentbuchhaltung Für jeden Kunden und Lieferanten wird ein separates Konto geführt. Nur so können Zahlungsein- und Zahlungsausgänge überprüft, die Liquidität des Unternehmens anhand offener Forderungen und Verbindlichkeiten kalkuliert und ein Mahnwesen aufgebaut werden.

Lagerwirtschaft Für jeden am Lager vorhandenen Artikel wird ein eigenes Konto eingerichtet. So können die Bestände des Unternehmens jederzeit festgestellt und die Lagerkapazitäten optimiert werden.

Volkswagen Auslieferungslager

Lohn- und Gehaltsbuchhaltung: Wird bei mehr als einem Mitarbeiter notwendig, denn Abzüge und Auszahlungen müssen für jeden Beschäftigten nachvollzogen werden können.

Anlagenbuchhaltung Für jedes Anlagegut wird ein gesondertes Konto angelegt. Nur so können die unterschiedlichen Anschaffungskosten,

Nutzungszeiten und Abschreibungen für jeden Gegenstand des Anlagevermögens berücksichtigt werden.

Grundsätze ordnungsgemäßer Buchführung

Der Begriff „Grundsätze ordnungsmäßiger Buchführung" ist ein unbestimmter Rechtsbegriff. Nach § 238 Abs. 1 Handelsgesetzbuch (HGB) sind alle Kaufleute verpflichtet, diese Grundsätze einzuhalten, sie sind jedoch im Gesetz nicht umfassend definiert. Das Gesetz lässt hier einen Freiraum zur Auslegung. Es existiert kein allgemeingültiges System, sondern eine Reihe von Grundsätzen. Sie rühren aus dem folgenden Leitsatz her.

„Die Buchführung muss so beschaffen sein, dass sie einem sachverständigen Dritten innerhalb angemessener Zeit einen Überblick über die Geschäftsvorfälle und über die Lage des Unternehmens vermitteln kann."

- Die Buchführung muss klar und übersichtlich sein. Dazu gehört:
  - eine sachgerechte Organisation
  - eine übersichtliche Gliederung des Jahresabschlusses
  - ein Verbot, Vermögenswerte und Schulden sowie Aufwendungen und Erträge miteinander zu verrechnen (Bruttoprinzip, Saldierungsverbot) und
  - ein Verbot, Buchungen unleserlich zu machen

- ein Verbot, Bleistifteintragungen vorzunehmen

- Alle Geschäftsvorfälle müssen fortlaufend, vollständig, richtig und zeitgerecht sowie sachlich geordnet gebucht werden.
- Jeder Buchung muss ein Beleg zugrunde liegen.
- Die Buchführungsunterlagen müssen ordnungsgemäß aufbewahrt werden.

Eigen- und Fremdbelege

Wir unterscheiden beim Thema *"Belege"* zuerst einmal zwei Gruppen. Zum einen die *internen Belege* und die *externen Belege.*

Der Begriff *"intern"* spricht Bände, denn dies sind solche Belege, die in unserem Unternehmen entstanden sind. Zum Beispiel sind dies Kurzbriefe, Ausgangsrechnungen, Kalkulationen, interne Mitteilungen bis hin zur Haftnotiz. Alles gilt als *"Beleg"* und alles wurde *in* unserem Betrieb erstellt.

Ein Kontoauszug gilt als Fremdbeleg

Als *"extern"* sehen wir alle Belege an, die außerhalb unseres Unternehmens erstellt wurden. Das können unter anderem die uns zugesandte Lieferantenrechnungen, Steuerbescheide, Provisionsabrechnungen oder auch Kontoauszüge unserer Hausbanken sein. Für alle gilt, dass sie *ex*tern, außerhalb des Unternehmens erstellt wurden.

Inventur und Inventar

Definition

Unter Inventur ist der Vorgang der mengen- und wertmäßigen Bestandsaufnahme aller Vermögensteile und der Schulden einer Einrichtung zu einem bestimmten Stichtag zu verstehen.

Je nach Art der Inventur wird zwischen einer körperlichen und einer reinen Buchinventur unterschieden.

Körperliche Inventur bedeutet mengenmäßige Aufnahme aller körperlichen Vermögensgegenstände durch Zählen, Messen, Wiegen, aber auch Schätzen mit nachfolgender Bewertung der ermittelten Mengen in Euro.

Unter Buchinventur versteht man dagegen die Aufnahme der nichtkörperlichen Vermögensgegenstände wie Forderungen, Bankguthaben und dgl. sowie der Schulden der Wirtschaftseinheit auf der Grundlage von Belegen und anderen Aufzeichnungen.

Eine Inventur ist jeweils zu Beginn des Gewerbes, sowie jeweils zum Schluss eines jeden Geschäftsjahres durchzuführen (§ 240 Abs. 1 und 2 HGB).

Wird eine vorgeschriebene Inventur nicht durchgeführt, so gilt die gesamte Buchführung als nicht ordnungsgemäß.

Inventurarten

Stichtagsinventur. Diese erfolgt 10 Tage vor bis 10 Tage nach Bilanzstichtag.

Bei ihr muss die körperliche Bestandsaufnahme nicht exakt am Bilanzstichtag erfolgen. Sie ist jedoch zeitnah durchzuführen, wobei man eine Frist von 10 Tagen vor bis nach dem Bilanzstichtag wahren muss. Bestandsveränderungen bis zum, beziehungsweise vom Bilanzstichtag an sind durch Wertfortschreibung beziehungsweise Wertrückrechnung zu berücksichtigen.

Verlegte Inventur. Sie erfolgt bis drei Monate *vor* und bis zu zwei Monate *nach* dem Bilanzstichtag. Auch bei dieser Inventurart müssen die Werte zum Bilanzstichtag fortgeschrieben, bzw. rückgerechnet werden.

Permanente Inventur. Diese Form der Inventur lässt sich nur mit Hilfe eines *Warenwirtschaftssystems* bewerkstelligen. Dadurch dass mit dieser Software alle Wareneingänge und –ausgänge erfasst werden, spricht man davon, dass die eine Inventur immer *(permanent)* stattfindet. Dennoch besteht die Verpflichtung, zumindest einmal pro Jahr eine körperliche Inventur durchzuführen; als Kontrolle, ob die EDV-Werte tatsächlich mit den Ist-Werten übereinstimmen.

Stichprobeninventur. Es wird regelmäßig eine Stichprobe gemacht, ob die auf Basis von Hochrechnungen und/oder Schätzungen ermittelten Mengen auch korrekt sind.

Das Inventar

Nachdem in Ihrem Betrieb die Inventur durchgeführt wurde und die verantwortlichen Mitarbeiter die Mengen in Euro bewertet haben, können Sie anhand dieser Werte das Inventar erstellen.

Sie müssen aufpassen, dass Sie die Begriffe Inventur und Inventar nicht durcheinander bringen. Die Inventur ist die Aufnahme der Vermögens- und Schuldenwerte und das Inventar ist die Auflistung eben dieser Zahlen.

Im Inventar werden ganz oben die Vermögensgegenstände aufgelistet, die am schwersten veräußert werden können. Das gilt zum Beispiel für Grundstücke oder Gebäude. Genau wie Fahrzeuge, Maschinen und Büroeinrichtung zählen diese Vermögensgegenstände zum Anlagevermögen eines Unternehmens.

Unter dem Anlagevermögen wird dann das so genannte Umlaufvermögen aufgelistet. Dies beginnt mit den Beständen an Roh- Hilfs-, Betriebsstoffen, Fertigerzeugnissen u.a. Diese sind schneller als Anlagevermögen zu veräußern.

Die nächste Position im Inventar haben die Forderungen aus Lieferungen und Leistungen. Das sind unsere Forderungen gegenüber Kunden.

Darunter folgen dann der Kassenbestand und eine Zeile tiefer das Bankguthaben.

Nun noch einmal zur zuvor getroffenen Feststellung, dass die am schwersten zu veräußernden Vermögensgegenstände zu Beginn des Inventars aufgelistet werden. In der Fachsprache heißt dies „mit zunehmender Liquidität". Sie müssen sich aber merken, dass die Bank tatsächlich am Ende genannt wird, obwohl Sie doch schneller an das Geld in der Barkasse kommen, als an das auf Ihrem Geschäftskonto.

Zieht man nun von der Summe des Vermögens die Summe der Schulden ab, so erhält man als Ergebnis das so genannte Reinvermögen, das auch Eigenkapital genannt wird.

Auf der Folgeseite sehen Sie ein Beispiel-Inventar.

Beispiel-Inventar

Inventar der Fantastic Furniture OHG zum 31. Dezember 20XX

Art, Menge, Einzelwert

A. Vermögen		
I. Anlagevermögen		
1. Bebautes Grundstück; Mastholter Str., Lippstadt		250.000,00 €
2. Bebautes Grundstück, Woldemei, Lippstadt		347.000,00 €
3. Fuhrpark		198.000,00 €
4. Betriebs- und Geschäftsausstattung		140.300,00 €
II. Umlaufvermögen		
1. Warenbestand		
1.1 Rohstoffe	322.000,00 €	
1.2 Hilfsstoffe	25.900,00 €	
1.3 Betriebsstoffe	18.900,00 €	366.800,00 €
2. Forderungen aus Lieferungen und Leistungen		175.000,00 €
3. Kassenbestand		7.200,00 €
4. Bankguthaben Sparkasse Lippstadt		43.800,00 €
Summe des Vermögens		1.528.100,00 €
B. Schulden		
I. Langfristige Schulden		
1. Hypothekendarlehen Sparkasse Lippstadt		820.500,00 €
II. Kurzfristige Schulden		
1. Verbindlichkeiten des Lieferungen und Leistungen		
1.1 Naturholz AG	22.000,00 €	
1.2 Horizon Fittings	568,00 €	22.568,00 €
Summe der Schulden		843.068,00 €
C. Errechnung des Einvermögens (Eigenkapital)		
Summe des Vermögens		1.528.100,00 €
Summe der Schulden		843.068,00 €
Reinvermögen (Eigenkapital)		**685.032,00 €**

Das Eigenkapital und dessen Ermittlung

Mit Hilfe des Inventars können Sie nun das Reinvermögen ermitteln. Der Begriff Reinvermögen steht zugleich für das Eigenkapital. Das heißt, der Anteil des betrieblichen Vermögens, das der Unternehmer sein Eigen nennen kann.

Über die Höhe des Eigenkapitals kann er weitestgehend frei verfügen. Er kann davon Beträge entnehmen (Entnahmen) oder es aber auch durch Einlagen erhöhen.

Diese Bewegungen, die innerhalb eines Geschäftsjahres (im Folgenden „GJ") vorgenommen werden, beeinflussen die Höhe des Eigenkapitals zum 31.12. des Geschäftsjahres.

Ein zweiter Wert, der das Eigenkapital beeinflusst, ist der Gewinn, der im aktuellen Geschäftsjahr erwirtschaftet wurde. Ein Gewinn erhöht das Eigenkapital, ein etwaiger Verlust mindert es.

Hier nun ein Beispiel, das Sie als durchaus prüfungsrelevant ansehen können.

Eigenkapital zum 01.01.20..	**250.000,00 €**
- Entnahmen im laufenden GJ	- 10.000,00 €
+ Einlagen im laufenden GJ	5.000,00 €
+ Gewinn des laufenden GJ	17.000,00 €
Eigenkapital am 31.12.20..	**262.000,00 €**

Nun wollen wir einmal daran arbeiten, Ihre „Denke" bezogen auf die Veränderungen des Eigenkapitals zu schärfen.

Hätte der Unternehmer *keine* Entnahmen getätigt, so wäre das EK am Jahresende um 10.000,00 € höher!

Und hätte der Unternehmer *keine* Einlagen geleistet, so wäre das EK um 5.500,00 € geringer!

Anders gefragt: Können wir anhand der EK-Bestände zum Jahresanfang und zum Jahresende *und* der Entnahmen und Einlagen den Gewinn des Geschäftsjahres ermitteln? Ja, können wir!

Eigenkapital am 31.12.20..	262.000,00 €
- Eigenkapital am 01.01.20..	-250.000,00 €
Zwischenergebnis	12.000,00 €
- Einlagen im GJ	5.000,00 €
+Entnahmen im GJ	10.000,00 €
= Gewinn des laufenden GJ	**17.000,00 €**

Die Bilanz

Die Bilanz ist eine stichtagsbezogene, wertmäßige Gegenüberstellung von Vermögen und Kapital einer Einrichtung (Unternehmen u.a.) in Kontenform.

Das Vermögen wird auf der linken Seite der Bilanz, unterteilt nach Anlagevermögen und Umlaufvermögen, ausgewiesen. Es repräsentiert die Aktiva im Leistungsprozess.

Das Kapital wird auf der rechten Seite der Bilanz, unterteilt nach Eigenkapital und Fremdkapital ausgewiesen. Es repräsentiert die Passiva im Leistungsprozess.

Es gelten stets die Gleichungen

Vermögen = Kapital

und

Eigenkapital = Vermögen – Fremdkapital (Schulden)

Bilanz zum 31.12.20..	
Aktiva	**Passiva**
Anlagevermögen	Eigenkapital
Umlaufvermögen	Fremdkapital
Vermögen	**Kapital**

Der Aufbau – die Gliederung der Bilanz

Der Aufbau, bzw. die Gliederung der Bilanz liegt nicht im Ermessen des Unternehmens. Nur dadurch, dass der Gesetzgeber hier klare Vorschriften macht, ist es „sachkundigen Dritten“ möglich, sich innerhalb einer angemessenen Zeit einen Überblick über die Lage des betrachteten Unternehmens zu machen *(→ GoB Seite 20)*.

Anders ausgedrückt – Im Falle einer Betriebsprüfung durch das für Ihr Unternehmen zuständige Finanzamt muss der Prüfer recht schnell einen Einblick in die Entwicklung der Zahlen bekommen.

Wenn Sie bei Ihrer Hausbank ein Darlehen beantragen wollen, so muss es den Mitarbeitern der Bank möglich sein, mit Hilfe der gelieferten Zahlen Ihre Bonität zu ermitteln.

Werteveränderungen in der Bilanz

Jeder Geschäftsfall hat Auswirkungen auf die Posten in der Bilanz; und zwar in doppelter Weise. Auch wenn nicht jeder Geschäftsfall in der Bilanz dargestellt wird, können wir vier Möglichkeiten der Bilanzveränderungen unterscheiden; und zwar:

- Aktiv-Tausch = Tausch auf Aktivseite
- Passiv-Tausch = Tausch auf Passivseite
- Aktiv-Passiv-Mehrung = Erhöhung beider Seiten
- Aktiv-Passiv-Minderung = Minderung beider Seiten

Ein sicherer Weg, die jeweiligen Bilanzveränderungen zu erkennen, ist das schrittweise Vorgehen unter Beantwortung der folgenden Fragen:

- Welche Positionen werden berührt?
- Auf welcher Seite der Bilanz befinden sich die Posten?
- Wie verändert sich der Wert des Bilanzpostens?
- Wir beschreibt man die Bilanzveränderung?

Anwendungsbeispiele:

Geschäftsfall	Welche Position wird berührt?	Auf welcher Seite der Bilanz befinden sich die Posten?	Wie verändert sich der Wert des Bilanzpostens ?	Wie nennt man diese Bilanz-veränderung?
Bareinzahlung auf das Bankkonto	Bank Kasse	Aktiva Aktiva	Mehrung Minderung	Aktivtausch
Umwandlung einer Lieferer-schuld in eine Darlehensschuld	Verbindlich-keiten Darlehen	Passiva Passiva	Minderung Mehrung	Passivtausch
Kauf eines Netbook auf Ziel	Geschäfts-ausstattung Verbindlich-keiten	Aktiva Passiva	Mehrung Mehrung	Aktiv-Passiv-Mehrung
Zahlung einer Liefererrechnung durch Bank-überweisung	Bank Verbindlich-keiten	Aktiva Passiva	Minderung Minderung	Aktiv-Passiv-Minderung

Merken Sie sich bitte folgende grundsätzliche Dinge:

- Beim Aktiv- und Passivtausch wird die Bilanzsumme nicht verändert.
- Die Aktiv-/Passivmehrung vergrößert die Bilanzsumme.
- Die Aktiv-/Passivminderung verkleinert die Bilanzsumme.

Die doppelte Buchführung

Die doppelte Buchhaltung ist in der heutigen Wirtschaft die *am weitesten verbreitete Methode der Finanzbuchhaltung.* Warum diese Art der Buchführung als "doppelt" bezeichnet wird, lässt sich an mehreren Punkten festmachen - welcher davon letztlich ausschlaggebend für die Namensgebung war, lässt sich im Nachhinein nicht mehr nachvollziehen.

Das Prinzip der Doppik (Doppik ist eine ganz verrückte, aber geläufige Abkürzung und steht für: "*Dopp*elte Buchführung *i*n *K*onten") zeigt sich auf mehrfache Weise:

Jeder Geschäftsvorfall wird auf *zwei verschiedenen Konten* erfasst - auf dem einen Konto im Soll, auf dem anderen Konto im Haben *(→ Beispiel; Seite 31).* Dabei wird bei jedem Buchungssatz der gleiche Betrag im Soll und im Haben gebucht.

Der *Unternehmenserfolg* kann am Ende des Geschäftsjahres auf zwei verschiedene Methoden ermittelt werden:

- aus dem Vergleich des Eigenkapitals am Ende des Geschäftsjahres in Bezug auf den Bestand des Eigenkapitals am Anfang des Geschäftsjahres, *(→ Seite 28)*
- durch Gegenüberstellung von Aufwendungen und Erträgen im aktuellen Geschäftsjahr *(→ Seite 156)*

Auflösung der Bilanz in Konten

- Die Bilanz entspricht einer Waage *(von ital. bilancia = [Balken-] Waage)*. Der Wert der Aktivseite muss immer mit dem Wert der Passivseite übereinstimmen.
- Jeder Geschäftsvorgang berührt immer mindestens zwei Posten in der Bilanz. Das Gleichgewicht wird dadurch niemals gestört.

Alte Waage

- Da es zu umständlich wäre, nach jedem Geschäftsfall die Bilanz neu zu gestalten, wird für jeden Bilanzposten ein Konto (*von ital. conto = Rechnung*) eingerichtet.
- Die Bilanz zeigt die Bestände der einzelnen Bilanzposten an, daher bezeichnet man diese Konten als Bestandskonten.

Aktivkonten

Für alle Posten der Aktivseite der Bilanz wird ein eigenes Konto eingerichtet.

Die Seiten der Konten heißen Soll und Haben.

Soll — **Aktivkonto**	*Haben*
Anfangsbestand	Minderungen
Mehrungen	Schlussbestand

Passivkonten

Für alle Posten der Passivseite der Bilanz wird ein eigenes Konto eingerichtet.

Die Seiten der Konten heißen Soll und Haben.

Soll	**Passivkonto**	*Haben*
Minderungen		Anfangsbestand
Schlussbestand		Mehrungen

Kontenabschluss

- Nach dem „Eintragen" des Anfangsbestandes und dem Buchen der Geschäftsfälle wird das Konto folgendermaßen abgeschlossen:

Soll	**Aktivkonto 0870 Sonst. Geschäftsausstattung**		*Haben*
Anfangsbestand	17.500,00 €	PC-Verkauf	300,00 €
Tisch (17.02.XX)	1.200,00 €		
PC (30.09.XX)	1.800,00 €		

- Addieren Sie zuerst die wertmäßig stärkere Seite.

Soll	**Aktivkonto 0870 Sonst. Geschäftsausstattung**		*Haben*
Anfangsbestand	17.500,00 €	PC-Verkauf	300,00 €
Tisch (17.02.XX)	1.200,00 €		
PC (30.09.XX)	1.800,00 €		
	↑		
	20.500,00 €		

- Subtrahieren Sie nun von der ermittelten Summe die Summe der schwächeren Seite.

Aktivkonto

Soll	**0870 Sonst.**	**Geschäftsausstattung**	*Haben*
Anfangsbestand	17.500,00 €	PC-Verkauf	300,00 €
Tisch (17.02.XX)	1.200,00 €		
PC (30.09.XX)	1.800,00 €		
	20.500,00 €		300,00 €

20.500,00 € minus 300,00 € = **20.200,00 €**

- Übernehmen Sie den ermittelten Saldo in die wertmäßig kleinere Seite.

Aktivkonto

Soll	**0870 Sonst.**	**Geschäftsausstattung**	*Haben*
Anfangsbestand	17.500,00 €	PC-Verkauf	300,00 €
Tisch (17.02.XX)	1.200,00 €	Schlussbestand	20.200,00 €
PC (30.09.XX)	1.800,00 €		
	20.500,00 €		20.500,00 €

Buchen auf Aktiv- und Passivkonten mit Buchungssätzen

- Für jeden Geschäftsfall wird ein Buchungssatz gebildet.
- Grundlage hierfür ist das erlernte Buchungsschema zu den Bestandskonten.

- Zuerst erfolgt die Nennung des Kontos, auf dessen Soll-Seite die Buchung erfolgt, dann die Nennung des Kontos, auf dessen Haben-Seite die Buchung erfolgt.
- Der Buchungssatz ist immer so aufgebaut, dass es „Soll an Haben" heißt.

Nun setzen wir diese Vorgabe einmal bildlich um:

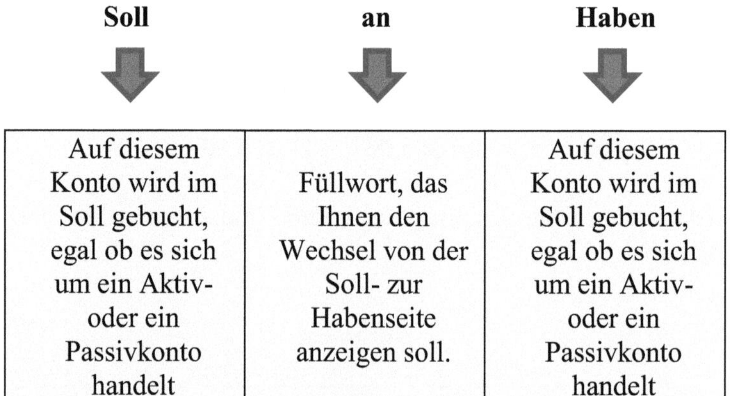

Soll	an	Haben
Auf diesem Konto wird im Soll gebucht, egal ob es sich um ein Aktiv- oder ein Passivkonto handelt	Füllwort, das Ihnen den Wechsel von der Soll- zur Habenseite anzeigen soll.	Auf diesem Konto wird im Soll gebucht, egal ob es sich um ein Aktiv- oder ein Passivkonto handelt

Vorgehensweise beim Bilden von Buchungssätzen

Stellen Sie sich zuerst einmal folgende Fragen:

1. Welche Konten werden bei diesem Geschäftsfall berührt?
2. Um welche Kontenart handelt es sich dabei?
3. Was passiert auf diesen Konten?
4. Wie lautet demzufolge der Buchungssatz?

Beherzigen Sie stets, dass der Buchungssatz <u>*immer*</u> *„Soll an Haben" heißt!*

<u>Beispiel 1:</u>

Sie transferieren aus unserer Kasse Bargeld auf das Geschäftskonto bei der Sparkasse Gütersloh. Insgesamt werden € 2.200,00 eingezahlt.

1. Welche Konten werden bei diesem Geschäftsfall berührt?
   Kasse Bank
2. Um welche Kontenarten handelt es sich?
   Aktivkonto *Aktivkonto*
3. Was passiert auf diesen Konten?
   Minderung *Mehrung*
4. Wie lautet demzufolge der Buchungssatz?

Das Konto „Bank" ist ein Aktivkonto. Es wird gemehrt. Eine Mehrung findet im Soll statt. Der Buchungssatz heißt <u>immer</u> „Soll an Haben". Deshalb kann der Buchungssatz nur „Bank an Kasse" heißen.

<u>Beispiel 2:</u>

Sie kaufen bei „Peach" ein Notebook für € 2.990,00 auf Ziel.

1. Welche Konten werden bei diesem Geschäftsfall berührt?

   4400 Verbindlichk. LuL 0870 Geschäftsausstattung

2. Um welche Kontenarten handelt es sich?

   Passivkonto *Aktivkonto*

3. Was passiert auf diesen Konten?

   Mehrung *Mehrung*

4. Wie lautet demzufolge der Buchungssatz?

Das Konto „Geschäftsausstattung“ ist ein Aktivkonto. Es wird gemehrt. Eine Mehrung findet im Soll statt. Der Buchungssatz heißt immer „Soll an Haben“. Deshalb kann der Buchungssatz nur „Geschäftsausstattung an Verbindlichkeiten LuL“ heißen.

Anwendung von Grundbuch und Hauptbuch

Am Anfang des Manuskriptes haben wir uns näher mit den Büchern des betrieblichen Rechnungswesens befasst. Hier soll es nun darum gehen, wie die auf der vorherigen Seite gebildeten Buchungssätze im Grundbuch erfasst werden.

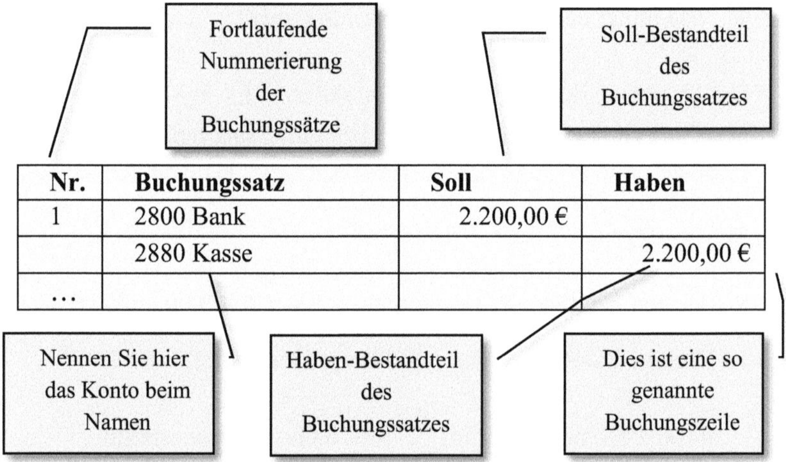

Nr.	Buchungssatz	Soll	Haben
1	2800 Bank	2.200,00 €	
	2880 Kasse		2.200,00 €
...			

Nun kommt aber endlich das Grundbuch für unsere beiden auf der vorherigen Seite gebildeten Buchungssätze:

Nr.	Buchungssatz	Soll	Haben
1	2800 Bank	2.200,00 €	
	2880 Kasse		2.200,00 €
2	0870 Geschäftsausstattung	2.990,00 €	
	4400Verbindlichk. LuL		2.990,00 €
…			

Im Grundbuch werden die Buchungssätze also in zeitlicher Reihenfolge erfasst. Sprich: Ein Geschäftsfall wird nach dem anderen erfasst, bzw. aufgelistet.

Im Hauptbuch hingegen erfolgt die Erfassung in sachlicher Ordnung. Das heißt, durch die Erfassung auf Sachkonten. Die Sachkonten bilden das wichtigste Buch der Buchführung.

Der zusammengesetzte Buchungssatz

Manche Geschäftsfälle sind komplexer als die in unseren Beispielen. Es werden dabei mehr als zwei Konten berührt.

Das Buchen solcher Geschäftsfälle kann nur mit Hilfe eines zusammengesetzten Buchungssatzes erfolgen. Hier zwei Beispiele:

1. Beispiel

Wir gleichen eine Liefererrechnung aus. Einen Teil überweisen wir von unserem Bankkonto (€ 1.100,00). Den Rest (€ 400,00) bezahlen wir bar aus der Kasse.

Verbindlichkeiten LuL werden im Soll kleiner, Bank und Kasse werden im Haben kleiner. Der Buchungssatz lautet immer „Soll an Haben"! Ergo muss die Buchung wie folgt lauten:

Soll	*Buchungssatz*			*Haben*
Verbindlichkeiten LuL	1.500,00 €	*an*	Bank	1.100,00 €
			Kasse	400,00 €

2. Beispiel

Einer unserer Kunden bezahlt eine offene Rechnung. Diese lautet über € 650,00. Er überweist uns € 450,00 und zahlt den Rest in Höhe von € 200,00 in bar.

Kasse und Bank werden größer; und das geschieht im Soll. Unsere *Forderungen aus Lieferungen und Leistungen* nehmen auf der Habenseite ab. Der Buchungssatz lautet immer „Soll an Haben"! Also muss die Buchung wie folgt lauten:

Soll	*Buchungssatz*			*Haben*
Bank	450,00 €	*an*	Forderungen LuL	650,00 €
Kasse	200,00 €			

Das Grundbuch wird nun wie folgt „gefüllt":

Nr.	**Buchungssatz**	**Soll**	**Haben**
1	Verbindlichkeiten LuL	1.500,00 €	
	2800 Bank		1.100,00 €
	2880 Kasse		400,00 €
2	2800 Bank	450,00 €	
	2880 Kasse	200,00 €	
	2400 Forderungen LuL		650,00 €
...			
	Spaltensummen	**2.150,00 €**	**2.150,00 €**

Um zu kontrollieren, ob Ihnen bei der Erfassung im Grundbuch ein Wert verloren gegangen ist, bilden Sie am Ende der Soll- und Haben-Spalte eine Summe. Diese beiden Werte müssen übereinstimmen!

Eröffnungs- und Schlussbilanzkonto

Um die Buchungen, die wir zu Beginn und zum Ende einer „Periode“ ausführen müssen, auch tatsächlich *erledigen* können, benötigen wir zwei Konten. Hierbei handelt es sich um das Eröffnungsbilanzkonto und um das Schlussbilanzkonto.

Damit Sie für sich ein paar Ungereimtheiten im Kopf klar bekommen, betrachten Sie das Eröffnungsbilanzkonto bitte immer als ein reines Hilfskonto. Es erfüllt lediglich den Zweck, die Periode *buchhalterisch* zu eröffnen. Ohne Zuhilfenahme dieses Kontos können wir halt nicht in die neue Periode starten. Stark sein!

Nehmen wir nun den Anfangsbestand. Dieser lautet auf € 1.000,00.

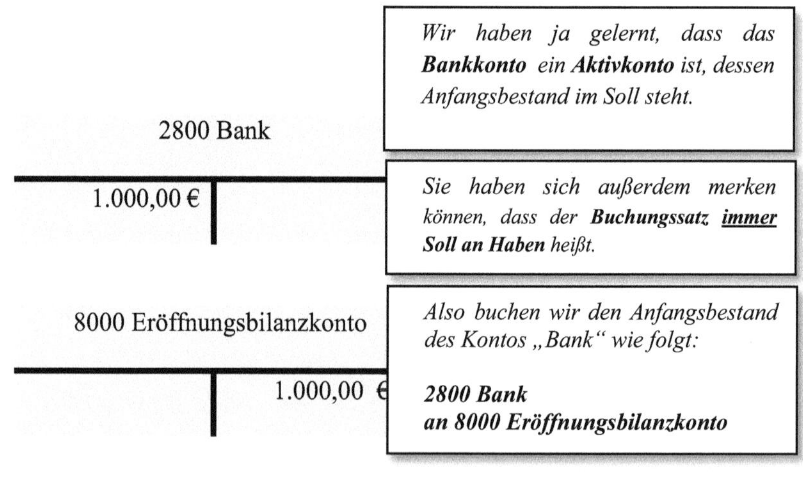

Erfolgskonten

Das Ziel eines erwerbswirtschaftlich betriebenen Unternehmens ist die Gewinnerzielung. Geschäftsfälle, die den betrieblichen Erfolg beeinflussen, werden auf den so genannten Erfolgskonten festgehalten.

Erträge, wie zum Beispiel Verkaufserlöse, mehren das Eigenkapital￼, wie zum Beispiel Lohn- und Gehaltszahlungen für die Arbeitnehmer, mindern das Eigenkapital.

Merke: Aufwands- und Ertragskonten sind Unterkonten des Eigenkapitals.

Erfolgskonten

Aufwendungen

→ Minderung des Eigenkapitals

→ Buchung im Soll auf dem jeweiligen Aufwandskonto

Beispiele:

- Aufwendungen für Waren
- Löhne und Gehälter
- Abschreibungen
- Mietaufwendungen
- Versicherungen
- *etc.*

Erträge

→ Mehrung des Eigenkapitals

→ Buchung im Haben auf dem jeweiligen Ertragskonto

Beispiele:

- Umsatzerlöse
- Mieterträge
- Provisionserträge
- Zinserträge
- Erträge aus Wertpapieren
- *etc.*

Merke: Buchungen auf einem Erfolgskonto haben stets die Gegenbuchung auf einem Bestandskonto!

Das Verbuchen des Verbrauchs an Stoffen und Waren

Grundsätzliches

Warenkonten gibt es hauptsächlich in Groß- und Einzelhandelsbetrieben. Wenn Industriebetriebe Fertigprodukte von anderen Unternehmen beziehen und diese ohne Bearbeitung weiterverkaufen, spricht man von Handelswaren. In diesem Fall werden auch im Industriebetrieb Warenkonten geführt.

Die Abgabenordnung hat für die Aufzeichnung des Wareneingangs und die Aufzeichnung des Warenausgangs einige Anforderungen.

Bestandsorientiertes Buchen oder aufwandsorientiertes Buchen

Bei einer bestandsorientierten Buchung (Skontrationsmethode) werden die Zugänge (Lieferscheine) und die Abgänge (Materialentnahmescheine) im Lager (Bestand) fortgeschrieben.

Rohstoffe – just in time

Bei einer aufwandsorientierten Buchung (Just-in-time-Buchung) werden die Wareneinkäufe auf dem Konto "Aufwendungen für Waren" gebucht. Auf dem Konto "Waren" werden lediglich der Warenanfangsbestand und der Warenschlussbestand (durch Inventur ermittelt) erfasst.

Aufwandsorientierte Buchung (Just-in-time-Buchung)

In der Praxis wird dieses Verfahren am häufigsten angewendet. Würde man sowohl Wareneinkäufe als auch Warenverkäufe auf einem Konto buchen, so würde ein gemischtes Konto vorliegen. Das Konto wäre eine Mischung aus einem Bestandskonto und einem Erfolgskonto. In der Praxis hat sich die Trennung in drei Konten durchgesetzt. Alle Aufgaben in diesem Buch sollen aufwandsorientiert gebucht werden!

Waren (Bestand) = aktives Bestandskonto

Wareneingang = Aufwandskonto

Erlöse (Warenverkauf) = Ertragskonto

Für den Abschluss der getrennten Warenkonten gibt es zwei Methoden:

Nettomethode

Bei dieser Methode wird das Wareneingangskonto über das Warenverkaufskonto abgeschlossen. Auf dem Warenverkaufskonto ergibt sich der Rohgewinn bzw. -verlust. Dieser wird vom Warenverkaufskonto auf das Gewinn- und Verlustkonto gebucht.

Bruttomethode

Bei dieser Methode werden das Wareneingangskonto und das Warenverkaufskonto direkt über das Gewinn- und Verlustkonto abgeschlossen. Der Wareneinsatz erscheint als Aufwand im Soll des Gewinn- und Verlustkontos, die Warenerlöse als Ertrag im Haben des Gewinn- und Verlustkontos.

Nur die Bruttomethode entspricht den Grundsätzen der Bilanzklarheit. Der § 246 Abs. 2 HGB schreibt vor:

Posten der Aktivseite dürfen nicht mit Posten der Passivseite, Aufwendungen nicht mit Erträgen, Grundstücksrechte nicht mit Grundstückslasten verrechnet werden.

Die Nettomethode verrechnet aber Aufwendungen mit Erträgen.

Die folgenden Ausführungen beziehen sich auf die Bruttomethode. Grundsätzlicher Buchungsablauf:

Waren (Bestand)

Es handelt sich um ein aktives Bestandskonto. Zu Beginn des Geschäftsjahres wird der Anfangsbestand Der durch Inventur ermittelte Warenschlussbestand wird im Haben gebucht. Buchungssatz: Schlussbilanzkonto an Waren. Der sich ergebende Saldo des Kontos Waren zeigt die Bestandsveränderung. Der sich ergebende Saldo des Kontos Waren zeigt die Bestandsveränderung.

Wareneingang

Hierbei handelt es sich um ein Aufwandskonto. Auf diesem Konto werden die Wareneinkäufe im Soll gebucht. Der sich im Haben ergebende Saldo des Kontos *Wareneingang* ist der Wareneinsatz. Das Konto wird zum Gewinn- und Verlustkonto abgeschlossen. *Buchungssatz: Gewinn- und Verlustkonto an Wareneingang*

Erlöse (Warenverkauf)

Es handelt sich um ein Ertragskonto. Auf diesem Konto werden die Warenverkäufe im Haben gebucht. Der sich im Soll ergebende Saldo des Kontos *Erlöse* ist der Warenumsatz. Das Konto wird zum Gewinn- und Verlustkonto abgeschlossen. *Buchungssatz: Erlöse an Gewinn- und Verlustkonto*

Wareneingang

Lieferantenrechnung - Buchungssatz bei Verwendung des IKR(→ *Seite 178*):

Soll			*Buchungssatz*		*Haben*
6080	Aufw. Waren	10.000,00 €	*an*	4400X Kreditor	11.900,00 €
2600	Vorsteuer	1.900,00 €			

Erlöse (Warenverkauf)

Ausgangsrechnung an Kunden - Buchungssatz (IKR):

Soll		*Buchungssatz*			*Haben*
2400X Debitor	11.900,00 €	*an*	5000	Erlöse e. Erzgn.	10.000,00 €
			4800	Umsatzsteuer 19%	1.900,00 €

Die Bestandsveränderung (Saldo des Kontos "Waren") kann eine Bestandsmehrung oder eine Bestandsminderung sein.

Bestandsmehrung	**Bestandsminderung**
Der Warenschlussbestand ist größer als der Warenanfangsbestand. Es wurden im Geschäftsjahr mehr Waren eingekauft als verkauft. Der auf dem Konto *Wareneingang* gebuchte Aufwand ist damit zu hoch. Der Aufwand muss um die Bestandsmehrung gemindert werden. Buchungssatz: Waren an Wareneingang Es gilt: Wareneingang - Bestandsmehrung = Wareneinsatz	Warenschlussbestand ist kleiner als der Warenanfangsbestand. Es wurden im Geschäftsjahr weniger Waren eingekauft als verkauft. Der auf dem Konto *Wareneingang* gebuchte Aufwand ist damit zu niedrig. Der Aufwand muss um die Bestandsminderung erhöht werden. Buchungssatz: Wareneingang an Waren Es gilt: Wareneingang + Bestandsminderung = Wareneinsatz

Umsatzsteuer

Im Umsatzsteuergesetz ist festgelegt, welche Art von Lieferungen und Leistungen der Umsatzsteuer unterliegen, bzw. mit Umsatzsteuer belastet werden.

Lieferungen sind dabei zum Beispiel Stoffe- oder Warenlieferungen.

Von *Leistungen* sprechen wir zum Beispiel bei Reparaturen oder Dienstleistungen eines Steuerberaters.

Auch wenn Sie derzeit kein Jurastudium absolvieren, müssen Sie sich bitte einen Paragraphen, bzw. dessen Inhalt merken. Aus diesem Paragraphen können Sie leicht ableiten, welche Lieferungen und Leistungen umsatzsteuerpflichtig sind:

§ 1 Absatz 1 Umsatzsteuergesetz (UStG)

Der Umsatzsteuer unterliegen die folgenden Umsätze: [...] die Lieferungen und sonstigen Leistungen, die ein Unternehmer im Inland gegen Entgelt im Rahmen seines Unternehmens ausführt. [...]

Nun noch einmal anders ausgedrückt und dargestellt:

Umsatzsteuerpflichtig sind Lieferungen und Leistungen, …

- die ein Unternehmer
- für sein Unternehmen
- im Inland
- gegen Entgelt

erbringt.

Merke: Wird eine dieser Anforderungen nicht erfüllt, so sind die Umsätze nicht umsatzsteuerpflichtig!

Beispiele: Ein Unternehmer aus Deutschland verkauft aus dem Bestand seines Unternehmens Waren für 800,00 Euro an einen Kunden in Oberammergau.

Lösungsweg: Prüfen Sie, ob alle Kriterien für eine umsatzsteuerpflichtige Lieferung oder Leistung gegeben sind.

- die ein Unternehmer… **ja!**
- für sein Unternehmen… **ja!**
- im Inland… **ja!**
- gegen Entgelt… **ja!**

Umsatzsteuerpflicht besteht, weil er bei diesem Geschäft alle Kriterien des §1 Abs. 1 UStG erfüllt.

Ein Unternehmer aus Deutschland verkauft aus seinem Privatbesitz ein Paar Skier für 220,00 €uro an einen eBay-Bieter aus Hamburg.

- die ein Unternehmer... **ja!**
- für sein Unternehmen... **nein!**
- im Inland... **ja!**
- gegen Entgelt... **ja!**

Es besteht keine Umsatzsteuerpflicht, da der Unternehmer Dinge aus seinem Privatbesitz und somit nicht für sein Unternehmen verkauft.

******

Ein Unternehmer aus Deutschland verkauft aus dem Bestand seines Unternehmens Waren für 720,00 €uro an einen Kunden in Teheran.

- die ein Unternehmer... **ja!**
- für sein Unternehmen... **ja!**
- im Inland... **nein!**
- gegen Entgelt... **ja!**

Es besteht auch hier keine Umsatzsteuerpflicht, da der Unternehmer die Lieferung an einen Abnehmer im Ausland (in einem „Drittland") vornimmt.

******

Ein Privatmann aus Deutschland verkauft aus seinem Privatvermögen einen Backofen für 30,00 €uro an einen Kunden in Detmold.

- die ein Unternehmer... **nein!**
- für sein Unternehmen... **nein!**
- im Inland... **ja!**
- gegen Entgelt... **ja!**

Es besteht auch hier keine Umsatzsteuerpflicht, da die Person kein Unternehmer ist.

Bemessungsgrundlage

Nun haben wir den § 1 (1) UStG berücksichtigt, müssen jedoch eine Besonderheit beachten. Wenn ein Unternehmer aus seinem Unternehmen Waren oder Leistungen (*ein Mitarbeiter jätet zu Hause beim Unternehmer den Garten*) entnimmt, so sind auch diese umsatzsteuerpflichtig. Der Unternehmer muss aus steuerlicher Sicht wie ein Dritter (Kunde) behandelt werden!

Der private Einsatz von Mitarbeitern ist USt-pflichtig

Nachdem wir nun festgestellt haben, welche Leistungen umsatzsteuerpflichtig sind, widmen wir uns einem weiteren wichtigen Begriff, der *Bemessungsgrundlage.* Sie ist die Grundlage für die zu ermittelnde Steuer.

Anders ausgedrückt: Wir verkaufen Waren, die einen Wert von 100,00 € haben. Dieser Betrag versteht sich zuzüglich der gesetzlichen Umsatzsteuer und ist die für die Berechnung der Steuern erforderliche *Bemessungsgrundlage.*

Da die Finanzverwaltung einen recht detaillierten Einblick in das Buchungsgebaren Ihres Arbeitgebers bekommen möchte, wird auch diese Bemessungsgrundlage in der *Umsatzsteuervoranmeldung* *(→Seite 267)* erfasst.

Steuersätze

In der Bundesrepublik gelten verschiedene Steuersätze. Mit zwei dieser Sätze haben Sie im täglichen Leben zu tun: 7% und 19%.

Parallel dazu gibt es noch besondere Steuersätze, die landwirtschaftliche Erzeugnisse betreffen. Diese können wir hier aber außer Acht lassen.

Hier nun einige Beispiele zu Lieferungen und Leistungen, die dem Umsatzsteuersatz 7% unterliegen:

- Grundnahrungsmittel
- Zeitungen und Bücher
- Zeitschriften (keine Hochglanzzeitschriften)
- Blumen und Pflanzen
- Außer-Haus-Verzehr von Essen (zum Beispiel Pizza-Bringdienst)
- GEMA-Gebühren
- Künstlerische Darbietungen

Auf die Frage, welche Leistungen nun mit dem Umsatzsteuersatz 19% belegt werden, kann man eigentlich antworten: „Alles, was nicht mit 7% belegt wird!“. Aber auch…

- Alkoholfreie Getränke (selbst Mineralwasser etc.)
- Vor-Ort-Verzehr von Essen und Trinken in Restaurants
- Hochglanzzeitschriften

Das Umsatzsteuergesetz macht jedoch noch ein paar Ausnahmen. Umsätze können auch umsatzsteuerfrei sein. Aber selbst die sind in den vergangenen Jahren wässrig geworden und machen dem Buchhalter die Arbeit nicht leichter:

- Umsätze der Deutschen Post AG (nur Briefmarken und andere Postdienste)
- Vermietung und Verpachtung von Immobilien (hier gibt es Ausnahmen; wenn Ihnen nichts anderes gesagt wird, gelten diese Umsätze als umsatzsteuerfrei!)
- Umsätze von Geldforderungen und Wertpapieren (der Aktienhandel wird nicht mit Umsatzsteuer belegt)
- Kreditgewährung
- Ausfuhrlieferungen (zum Beispiel an Kunden in einem Drittland)

Wichtig! Jedes Unternehmen muss zwar die Umsatzsteuer auf jeder seiner Rechnungen ausweisen, sie ist aber für das Unternehmen lediglich ein „durchlaufender Posten“. Soll bedeuten: Der

Unternehmer vereinnahmt zwar das Geld von seinen Kunden, er hat es aber an den Staat (vertreten durch das Finanzamt) weiterzuleiten.

Der Weiterleitung (Zahlung) geht eine so genannte Umsatzsteuervoranmeldung*(Musterformular → Seite 267)* voraus. Darin meldet das Unternehmen die Höhe der getätigten Umsätze, die Höhe der in Rechnung gestellten Umsatzsteuer und die Umsatzsteuerbeträge, die andere Unternehmen in ihren Rechnungen ausgewiesen haben.

Umsatzsteuer

Die „Umsatzsteuer“ ist die Steuer, die ein Unternehmen auf seinen Ausgangsrechnungen ausweist. Also werden die *Umsätze* mit unseren Kunden mit *Umsatz*steuer belastet!

Die Buchung erfolgt regelmäßig im Haben des Kontos „Umsatzsteuer“.

Bei dem Konto handelt es sich um ein Passivkonto. Die Umsatzsteuer ist eine Verbindlichkeit gegenüber dem Finanzamt.

Beispiel:	Verkauf von Waren lt. Ausgangsrechnung	
	Nettowarenwert (*Bemessungsgrundlage)*	8.000,00 €
	zzgl. 19%	1.520,00 €
	Rechnungs-/Bruttorechnungsbetrag	9.520,00 €

Soll		*Buchungssatz*				*Haben*
2400X Debitor	9.520,00 €	*an*	5000	Erlöse e. Erzgn.		8.000,00 €
			4800	Umsatzsteuer 19%		1.520,00 €

In der Umsatzsteuervoranmeldung werden die im Meldezeitraum generierten Umsätze an das zuständige Finanzamt gemeldet *(Musterformular →267; Seite 1, Kennziffern 81 + 86).*

Vorsteuer

Die „Vorsteuer“ ist die Steuer, die einem Unternehmen auf den Eingangsrechnungen von einem anderen Unternehmen in Rechnung gestellt wird.

Die Buchung erfolgt regelmäßig im Soll des Kontos „Vorsteuer“.

Bei dem Konto handelt es sich um ein Aktivkonto. Die Vorsteuer ist eine Forderung gegenüber dem Finanzamt.

Beispiel:	Einkauf von Rohstoffen auf Ziel	
	Nettowarenwert (*Bemessungsgrundlage*)	6.500,00 €
	zzgl. 19%	1.235,00 €
	Rechnungs-/Bruttorechnungsbetrag	7.735,00 €

Soll		*Buchungssatz*			*Haben*
2000	Rohstoffe	6.500,00 €	*an*	4400X Kreditor	7.735,00 €
2600	Vorstauer	1.235,00 €			

In der Umsatzsteuervoranmeldung werden die im Meldezeitraum generierten Umsätze an das zuständige Finanzamt gemeldet *(Musterformular → Seite 267; Seite 2, Kennziffer 66).*

Zahllast

Die „Zahllast“ ist der Betrag, der nach Abzug der Vorsteuern an das Finanzamt überwiesen werden muss.

Berechnung:	Umsatzsteuer	1.520,00 €
	abzgl. Vorsteuer	1.235,00 €
	= Zahllast	285,00 €

Die Umsatzsteuervoranmeldung (siehe vorherige Seite) ist bis zum 10. Tag nach Ablauf des „Voranmeldungszeitraums“ (in der Regel ist dies ein Monat) an das Finanzamt zu übermitteln.

Die Zahlung selbst hat (nach IHK-Denke) ebenfalls bis zum 10. zu erfolgen.

Vorsteuerüberhang

Kommt es dazu, dass unser Unternehmen mehr Vorsteuern an andere Unternehmen gezahlt, als es selbst von unseren Kunden Umsatzsteuer erhalten hat, so spricht man von einem Vorsteuerüberhang. Dieser wird dem Unternehmen nach Prüfung erstattet.

Die Zahllast, bzw. der Vorsteuerüberhang werden in der Voranmeldung erfasst *(Musterformular → Seite 267; Seite 2, Kennziffer 83).*

Einfuhrumsatzsteuer

Wenn ein Unternehmen Waren oder Stoffe aus einem anderen Land als der Bundesrepublik oder einem Land außerhalb des Europäischen Wirtschaftsraums erwirbt, so spricht man von einer „Einfuhrlieferung" oder vom „Import". Man sagt, dass wir die Lieferung aus einem Drittland erhalten.

In solchen Fällen weist unser Lieferant (Sitz beispielsweise in Kenia) in seinen Rechnungen keine Umsatzsteuer aus, da die Leistung (aus seiner Sicht) nicht im Inland erbracht wurde. Somit ist sie erst einmal von der ausländischen Umsatzsteuer befreit.

Werden nun Waren oder Stoffe aus einem Drittland nach Deutschland eingeführt, so verlangt der deutsche Staat auf den Warenwert *(→Bemessungsgrundlage; Seite 52)* den im Inland fälligen Umsatzsteuersatz (*→Steuersätze; Seite 56)*. Die damit erhobene Steuer heißt Einfuhrumsatzsteuer.

Beispiel: Ihr Arbeitgeber importiert Zitrusfrüchte. In einer Rechnung seines Hauptlieferanten mit Sitz in Israel sind für 500kg Orangen netto € 1.500,00 ausgewiesen.

Der Warenwert (Bemessungsgrundlage) beträgt € 1.500,00. Der für Früchte gültige Steuersatz ist im Inland (Deutschland) 7%.

Somit erhebt der deutsche Staat bei der Einfuhr der Früchte € 105,00 an Einfuhrumsatzsteuer.

Soll			*Buchungssatz*		*Haben*
6080	Aufw. Waren	1.500,00 €	*an*	4400X Kreditor	1.785,00 €
2604	Einfuhrumsatzsteue	285,00 €			

Diese Steuer ist vom Importeur der Ware entweder direkt an das für seinen Geschäftssitz zuständige Hauptzollamt (HZA) zu zahlen oder der von ihm beauftragte Frachtführer (Spediteur, Paketdienst usw.) verauslagt die Steuer an das HZA und berechnet sie an ihn weiter.

Die gezahlte Einfuhrumsatzsteuer wird vom Importeur wie Vorsteuer behandelt und im Rahmen der Umsatzsteuervoranmeldung *(Musterformular → Seite 267; Seite 2, Kennziffer 62)* gemeldet und ihm von seinem Finanzamt, ggfls. nach einer Prüfung erstattet.

Endverbraucher, die Waren aus einem Drittland beziehen, werden im Rahmen der Einfuhrumsatzsteuer so behandelt, als würden sie die Waren im Inland erwerben. Sie jedoch haben keinen Erstattungsanspruch gegenüber dem Finanzamt.

Rechnung der Firma Molotow in Wolgograd (RUS)

Molotov

Дерево и более

фактура

Rechnung

Kaspiyskoye Shosse 314
400138 Volgograd, Russia
Telefon (405) 55 50 190 Fax (405) 55 50 191

дата: 04.30.20xx
номер: 100

фактура:
Fantastic Furniture OHG
Mastholter Straße 13
59557 Lippstadt
Germany
+4912312345679

Details / деталь	Betrag/сумма
300 Meter/метр **Teakholz/тик**	
Preis pro Meter/Цена за метр 21.50 €	6.450,00 €
Ihre Email-Bestellung vom 10.März 20.. durch Felix A. Holz	
Ваш заказ от 03.10.20xx	
брутто	6.450,00 €

Payment Terms: Send a cheque made payaple to Molotov (Volgograd); 10 days after receipt without deductions.

Спасибо за Ваш заказ

Es handelt sich um einen Import. Bei der Einfuhr des Holzes müssen wir an den deutschen Staat (für Holz) 19% Einfuhrumsatzsteuer in Höhe von € 1.225,50 bezahlen, erhalten diese jedoch im Rahmen der Voranmeldung zurück.

Innergemeinschaftlicher Handel

Beim so genannten *Innergemeinschaftlichen Handel,* bei dem es um den Handel im europäischen Wirtschaftsraum geht, sind besondere Einzelheiten zu beachten.

Um europäischen Unternehmen den Handel innerhalb der EU zu erleichtern, kann unter bestimmten Voraussetzungen darauf verzichtet werden, dem Empfänger Umsatzsteuer in Rechnung zu stellen.

Lieferant und Warenempfänger müssen ihren Geschäftssitz innerhalb des europäischen Wirtschaftsraumes haben und beide Unternehmen müssen über eine so genannte Umsatzsteuer-Identnummer verfügen.

Diese Umsatzsteuer-Identnummer ist von deutschen Unternehmern einmalig beim Bundesamt für Finanzen zu beantragen.

Bei Aufgabe einer Bestellung muss der Besteller dem Lieferanten seine Identnummer nennen und nur dann darf der Lieferant umsatzsteuerfrei liefern. Vergisst der Besteller, diese Nummer zu übermitteln oder verfügt er noch über keine, so muss der Lieferant die Ware zuzüglich der in seinem Land geltenden Umsatzsteuer berechnen.

Die dann gezahlte Umsatzsteuer wird dem Käufer nicht erstattet! Auch kann die Rechnung im Nachhinein nicht mehr korrigiert werden!

Nennt Ihnen ein neuer Kunde seine Identnummer, so können Sie die Existenz (*nicht* die Richtigkeit) auf der Internetseite des

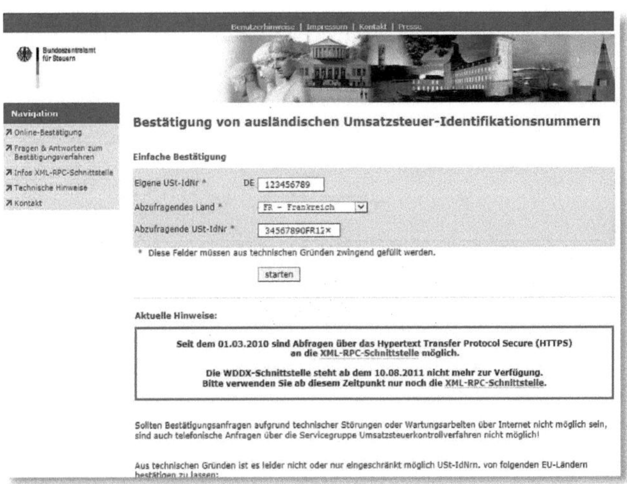

Bundesministeriums für Finanzen unter (http://evatr.bff-online.de/eVatR/) überprüfen lassen. Wollen Sie ganz sicher gehen, dass Ihnen der Neukunde die richtige USt-ID nennt, so können Sie auf der gleichen Webseite eine qualifizierte Auskunft beantragen.

Auch wenn die Bestätigung de Anfrage ein paar Tage in Anspruch nehmen kann, sollten Sie sich die Zeit nehmen. Verlassen Sie sich in *fahrlässiger Weise* auf die Aussagen des Kunden und entpuppen sich diese später als unrichtig, so belastet die Finanzverwaltung die umsatzsteuerfreie Lieferung nachträglich mit der Umsatzsteuer, die auch ein Endverbraucher im Inland hätte zahlen müssen. Steuerschuldner für diese Nachbelastung ist dann der Aussteller der Rechnung – also Ihr Unternehmen.

Einkauf von Waren innerhalb der EU

Beispiel: Ihr Arbeitgeber importiert Zitrusfrüchte. Diesmal jedoch von

einem Lieferanten mit Sitz in Spanien. In dessen Rechnung ist für 300kg Zitronen ein Netto-Warenwert von € 800,00 ausgewiesen. Dem spanischen Lieferanten liegt Ihre Umsatzsteuer-Identnummer vor!

Somit erheben weder der Lieferant, noch der deutsche Staat für die Lieferung Umsatzsteuer!

Soll		*Buchungssatz*			*Haben*
6080	Aufw. Waren	800,00 €	*an*	4400X Kreditor	800,00 €

Die *Aufwendungen Waren* fließen mit € 800,00 in die Ergebnisrechnung ein. Das Verbuchen von Vorsteuer entfällt in diesem Fall.

Schauen wir uns nun das Beispiel auf der Folgeseite an. Wieder müssen wir überprüfen, ob alle Voraussetzungen für die umsatzsteuerfreie innergemeinschaftliche Lieferung erfüllt wurden:

- Liegt uns die Identnummer des Lieferanten vor?
- Verfügen wir selbst über eine Identnummer?
- Erfolgt die Lieferung für ausschließlich betriebliche Zwecke?

Rechnung der Joule S.A.R.L. in Paris (F)

Joule S.a.r.l.

Seller	Customer
Joule S.a.r.l.	Fantastic Furniture OHG
10 Rue La Fayette	Mastholter Straße 13
F-75009 Paris	D-59557 Lippstadt
(888) 555-0104	0123 1234 5678
(888) 555-0105	0123 1234 5679
Tax-ID 345678901FR12	**Tax-ID DE1234567890**

Your Joule-Contact	Invoice No.	Date	Palett	delivered by
Elisabeth Krenthaller	123	01.03.20..	3	Schenker

Terms and conditions	FOB/INCOTERM	Further Order Information
non	CIF	Your fax-order 15th Feb. 20..

Amount	Article	Price p. M.	Total
45	Cork Oak; 1st Class French Quality Origin: Southern France	40,00 €	1.800,00 €

Subtotal	1.800,00 €
tax rate	0%
VAT	0,00 €
Others	0,00 €
Gross	**1.800,00 €**

Payment Terms:
We will charge your account 1234567 at Sparkasse Lippstadt 7 days after receipt.

In der Rechnung werden beide Identnummern genannt. Somit darf die Lieferung aus Frankreich umsatzsteuerfrei erfolgen.

Soll			*Buchungssatz*			*Haben*
6000	Aufw. Rohstoffe	1.800,00 €	*an*	44007	Joule S.a.r.l.	1.800,00 €

Verkauf von Waren innerhalb der EU

Auch hierbei ist die Vorgabe zwingend zu beachten, dass eine Lieferung an einen europäischen Unternehmer nur dann umsatzsteuerfrei erfolgen darf, wenn beide Umsatzsteuer-Identnummern vorliegen!

Beispiel: Ihr Arbeitgeber verkauft Obstsalat an einen gewerblichen Kunden in Frankreich. In unserer Rechnung ist für 200kg Obstsalat ein Netto-Warenwert von € 1.300,00 ausgewiesen.

Ihnen liegt die französische Identnummer vor!

Somit erheben weder wir, noch der französische Staat Umsatzsteuer!

Soll		*Buchungssatz*			*Haben*
2400X Debitor	1.300,00 €	*an*	5000	Erlöse eig. Erzg.	1.300,00 €

Liegt Ihnen keine Umsatzsteuer-Identnummer des Bestellers vor, so müssen Sie ihn wie einen Endverbraucher im Inland behandeln und mit der hier gültigen Umsatzsteuer belasten!

FANTASTIC FURNITURE OHG

RECHNUNG 0005

9. April 20..

Zahlungsbedingung: 14 Tage ab Rechnungsdatum ohne Abzüge!

Frascati S.r.l.
Signor Alberto Tomba
Via Palermo 531
I-90121 Palermo

Fantastic Furniture OHG
Mastholter Straße 13
D-59557 Lippstadt

Ihre USt-ID: IT98765432109

Unsere USt-ID: DE1234567890

Menge	Details	Einzelpreis	Gesamtbetrag
1	Garderobe "Move"	900,00 €	900,00 €
		Rabatt	
		Zwischensumme	900,00 €
		0% Umsatzsteuer	- €
		Brutto-Betrag	900,00 €

KONTOINFORMATIONEN
Name des Begünstigten: Fantastic Furniture OHG
Name der Bank: Sparkasse Lippstadt
Adresse der Bank: Spielplatzstraße 10, 59555 Lippstadt
Kontonummer: 1234567
SWIFT-Code: 9876543210

KONTAKTDATEN
Felix A. Holz
Telefon: 0123 - 1234 5678
Fax: 0123 - 1234 5679
fantastic-german-furniture.jimdo.de
buchfuehrung@gmx-topmail.de

Zwei USt-IDs. Wir dürfen umsatzsteuerfrei liefern!

Soll		*Buchungssatz*				*Haben*
24004	Frascati S.r.l.	900,00 €	*an*	5000	Erlöse eigene Ergn.	900,00 €

Umsatzsteuer und Privatentnahmen

Wenn ein Unternehmer Waren aus seinem Unternehmen entnimmt oder er eine bestimmte Leistung für private Zwecke verwendet, so muss er wie ein Dritter, ein Außenstehender oder auch wie ein Kunde behandelt werden.
Sprich: Die „Entnahme an Waren und sonstigen Leistungen" ist umsatzsteuerpflichtig!

Beispiel: Unternehmer Holz entnimmt aus dem Lager seines Handelsunternehmens einen Hochleistungs-Toaster zum Netto-Wert von € 200,00.

Die Rechnung bzw. der Buchungsbeleg, der zu diesem Geschäftsfall erstellt wird, sehen Sie auf der Folgeseite.

Beachten Sie bitte, dass es ganz besonders wichtig ist, jeden Geschäftsfall, der die *Private Entnahme von Gegenständen und Leistungen* betrifft, sehr genau zu dokumentieren. Diese Dinge sind quasi die ersten, die bei einer Regelprüfung oder Sonderprüfung durch die Finanzverwaltung kontrolliert werden. Die GoB verlangen, dass *keine* Buchung ohne Beleg erfolgt!

Buchungsbeleg

Datum: 22. März 20..

Netto:	200,00 €
USt. 19%	38,00 €
Brutto	238,00 €

Gegenstand: Toaster "high-tec" neu

Empfänger: Felix A. Holz

Bitte bestätigen Sie hier durch Ihre Unterschrift:

Felix A. Holz

....

Der Netto-Preis entspricht der Bemessungsgrundlage *(→ Seite 56)*. Die Privatentnahme entspricht dem Bruttopreis, weil die Steuerschuld (€ 38,00) durch die Entnahme des Toasters entstanden ist!

Soll			*Buchungssatz*			*Haben*
3000	Privat	238,00 €	*an*	5420	Entnahme v.W.s.L.	200,00 €
				4800	Umsatzsteuer 19%	38,00 €

Beispiel: Herr Holz lässt vom Geschäftskonto seines Unternehmens an den Reiseveranstalter „TOI“ € 1.500,00 für eine private Urlaubsreise überweisen.

Hierbei handelt es sich nicht um die Entnahme von Waren oder von einer sonstigen Leistung. Frau Holz entnimmt einfach „nur“ einen Teil ihres Eigenkapitals. Darum buchen wir diesen Vorgang so:

Soll		*Buchungssatz*				*Haben*
3000	Privat	1.500,00 €	*an*	2800	Bank	1.500,00 €

Wie beim ersten Beispiel kann es auch zu anderen Entnahmen des

Unternehmers kommen. So ist ja auch vorstellbar, dass dem Unternehmer ein Teil der Telefongebühren angelastet wird. Strittig kann dabei üblicherweise eine Privatnutzung nicht sein.

Beispiel: Die Telefongebühren des Monats Mai 20.. belaufen sich auf netto € 300,00. Der Privatanteil ist regelmäßig mit 20% anzusetzen. Das wird dann wie folgt errechnet und gebucht…

Buchungsbeleg

Datum: 31. März 20..

Netto:	60,00 €
USt. 19%	11,40 €
Brutto	71,40 €

Gegenstand: Private Nutzung Geschäftshandy
20% von netto 300.00 €
Empfänger: Felix A. Holz

Bitte bestätigen Sie hier durch Ihre Unterschrift:

Felix A. Holz
....

Soll		*Buchungssatz*				*Haben*
3000	Privat	71,40 €	*an*	5420	Entnahme v.W.s.L.	60,00 €
				4800	Umsatzsteuer 19%	11,40 €

Ein weiteres Beispiel für die *Entnahme von Waren und sonstigen Leistungen* ist der private Anteil an den Bewirtungskosten. Kommt es zum Beispiel dazu, dass der Unternehmer Felix A. Holz einen Geschäftspartner zum Essen einlädt, dann steckt in den anfallenden *Bewirtungskosten* natürlich auch der Teil, der auf die vom Unternehmer verzehrten Speisen und Getränke entfällt.

Und eben *dieser* Teil ist als Privatentnahme zu werten und somit gleichzeitig umsatzsteuerpflichtig.

Schauen wir uns auf der Folgeseite ein repräsentatives Beispiel an:

Bewirtung: 30% plus USt gelten als Privatentnahme

Herr Holz hat den Geschäftsführer unseres langjährigen Kunden *Living & More* zum Essen eingeladen. Während dieses Geschäftstermins sollen mit dem Kunden Zielvereinbarungen für die weitere Zusammenarbeit getroffen werden.

Die betrieblichen Aufwendungen, die die Bemessungsgrundlage für die Ermittlung des Privatanteiles sind, belaufen sich auf netto 125,00 €.

Die Finanzverwaltung verlangt, dass 30% dieser Aufwendungen als Privatentnahme oder *Eigenverbrauch* gewinnerhöhend gebucht werden.

Buchungsbeleg

Datum:	31. März 20xx		
		Netto:	37,50 €
		USt. 19%	7,13 €
		Brutto	44,63 €
Gegenstand:	Privatanteil an Bewirtungskosten 30% von netto 125,00 €		
Empfänger:	Felix A. Holz		

Bitte bestätigen Sie hier durch Ihre Unterschrift:

Felix A. Holz

....

Soll		*Buchungssatz*				*Haben*
3000	Privat	44,63 €	*an*	5420	Entnahme v.W.s.L.	37,50 €
				4800	Umsatzsteuer 19%	7,13 €

Im Zuge der Jahresabschluss-Arbeiten werden dem zuständigen Finanzamt die Summen der *Unentgeltlichen Wertabgaben* (Entnahmen von Leistungen für private Zwecke), unterteilt nach 7% und 19% Umsatzsteuer in der *Umsatzsteuer-Jahreserklärung (→ Seite 269ff, Seite 3, Kennziffern 178 + 195)* erfasst.

Bezugskosten

Bei der Beschaffung von Waren und Stoffen fallen Kosten für den Bezug an. Zumindest ist es recht oft der Fall, dass unsere Lieferanten „frei Haus“ versenden.

Denken Sie bitte immer daran, dass Bezugskosten immer nur beim Einkauf entstehen, nicht aber beim Verkauf, sprich durch den Vertrieb unserer Waren und Leistungen.

Zu den Bezugskosten zählen Aufwendungen wie Speditionskosten, Zölle, Abfertigungsgebühren (*Hafengebühren*), Kosten der Einlagerung (*Spedition*), Rollgelder usw.

Die entstehenden Aufwendungen nennt man auch in der Buchführung Bezugskosten. Sie zählen zu den Anschaffungskosten der Ware bzw. des Stoffes.

Kosten durch den Bezug

Diese Kosten werden auf separaten Aufwandskonten gebucht. Am Ende einer jeden Abrechnungsperiode müssen auch diese Konten abgeschlossen werden. Dies geschieht nicht, wie bei den anderen Aufwandskonten, über das GuV-Konto, sondern über das so genannte Hauptkonto.

Beispiel: Für eine Rohstofflieferung (Netto-Wert € 10.000,00) sind uns Speditionskosten in Höhe von netto € 500,00 in

Rechnung gestellt worden. Diese Rechnung muss von uns als Verbindlichkeit gebucht werden.

Soll		*Buchungssatz*			*Haben*
6001	Bezugskosten RST	500,00 €	*an*	4400X Verbindlichkeiten LuL	60,00 €
2600	Vorsteuer	95,00 €			

Sie sehen, es gibt für jedes Waren- und Stoffkonto ein eigenes Bezugskostenkonto!

Am Ende der Abrechnungsperiode sehen die Konten also so aus:

Soll **6000 Aufwendungen RST**	*Haben*
10.000,00 €	

Soll **6001 Bezugskosten RST**	*Haben*
500,00 €	

Da die Bezugskosten wie gesagt zu den Anschaffungskosten der Stoffe zählen, muss der Saldo des Bezugskostenkontos auf das Stoffe-Konto umgebucht werden!

Vorgehensweise beim Abschluss des Bezugskostenkontos:

Schließen Sie das Konto mit dem Buchungssatz „Aufwendungen Rohstoffe an Bezugskosten Rohstoffe“ ab, indem Sie den kompletten Saldo umbuchen.

Soll		*Buchungssatz*				*Haben*
6000	Aufwendungen RST	35,70 €	*an*	6001	Bezugskosten RST	500,00 €

Soll	**6000 Aufwendungen RST**	*Haben*
	10.000,00 €	
	500,00 €	

Soll	**6001 Bezugskosten RST**	*Haben*
	500,00 €	*500,00 €*

Das Bezugskostenkonto ist nun ausgeglichen. Nun können Sie das Rohstoffkonto wie gewohnt saldieren und zum GuV-Konto umbuchen.

Soll		*Buchungssatz*				*Haben*
8020	GuV-Konto	10.500,00 €	*an*	6000	Aufwendungen RST	10.500,00 €

Auf der Seite zuvor wurde der Begriff „Anschaffungskosten" erklärt. Die Art des Saldierens und des Umbuchens erscheint Ihnen vielleicht unnütz und aufwendig. Der Gesetzgeber verlangt jedoch, dass der zu bilanzierende Wert der Waren und Stoffe inklusive aller Nebenleistungen, die mit dem Erwerb verbunden waren, ermittelt werden muss.

Nachlässe beim Einkauf von Waren und Stoffen

Lieferanten gewähren uns als einkaufendem Unternehmen regelmäßig Nachlässe. Zum einen sind dies die so genannten Sofortrabatte, die uns zum Beispiel vom Listenpreis eines Artikels gewährt werden.

Diese Sofortrabatte werden „innerhalb" der Rechnung abgezogen und deshalb von Ihnen als Buchhalter nicht gebucht! Ihre „Denke" beginnt bei den Netto-Rechnungsbeträgen.

Die Nachlässe, um die es nun hier gehen soll, sind Skonti, Boni und sonstige nachträgliche Rabatte. Egal, welche Art von Nachlass man Ihrem Unternehmen gewährt, werden diese auf einem Konto gebucht. Man unterscheidet jedoch, für welche Art von Einkauf einem diese Nachlässe gewährt wurden:

- Nachlässe Waren
- Nachlässe Rohstoffe
- Nachlässe Hilfsstoffe
- Nachlässe Betriebsstoffe

Achten Sie also unbedingt darauf, für den Einkauf welchen Stoffes, bzw. welcher Waren Ihnen eben dieser Nachlass gewährt worden ist.

Genau wie die Bezugskosten (von zum Beispiel Rohstoffen) werden diese am Ende einer jeden Abrechnungsperiode über das entsprechende Hauptkonto abgeschlossen.

Hier nun ein Beispiel:

Wir haben die auf den Vorseiten genannte Rohstofflieferung im Wert von netto € 10.000,00 erhalten. Die Zahlungsbedingung lautet auf *„10 Tage unter Abzug von 3% Skonto, 30 Tage rein netto"*.

Soll		*Buchungssatz*				*Haben*
6000	Aufwendungen RST	10.000,00 €	*an*	4400X	Verbindlichkeiten LuL	11.900,00 €
2600	Vorsteuer	1.900,00 €				

Nun zahlen wir die Rechnung so pünktlich, dass es uns noch erlaubt ist, die gewährten 3% Skonto zu ziehen. Der zu überweisende Betrag ist somit um 3% zu reduzieren (vom Hundert!)

Wir überweisen nun zwar nur noch € 11.543,00 der offene Posten (€ 11.900,00) ist jedoch komplett auszubuchen – weil uns die Minderung erlaubt wurde!

Der gestattete Abzug (Nachlass) muss als solcher gebucht werden. Aber aufgepasst! Unser Lieferant hat uns erlaubt, einen Teil der Eingangsrechnung nicht zu zahlen – also haben wir die Verpflichtung, die beim Eingang gebuchte Vorsteuer (€ 1.900,00) zu korrigieren.

Der ursprüngliche Brutto-Rechnungsbetrag lautete auf

€ 11.900,00

Wir überweisen unter Skontoabzug nur noch 97%

€ 11.543,00

Der Betrag, den wir für uns behalten dürfen ist

€ 357,00

Das sind 3% des Brutto-Rechnungsbetrages.

Also ist dies ein Betrag inklusive 19% USt.

Teilen wir also durch 1,19

und heraus kommt der Netto-Skontoabzug von € 300,00

Die Differenz zwischen Brutto- und Netto ist € 57,00

und gleichzeitig der Betrag, um den wir die Vorsteuer

aus der Eingangsrechnung korrigieren müssen!

Soll			*Buchungssatz*				*Haben*
4400X	Verbindlichkeiten LuL	11.900,00 €	*an*	2800	Bank		11.543,00 €
				6002	Nachlässe RST		300,00 €
				2600	Vorsteuer		57,00 €

So sehen die einzelnen Konten danach aus. Die kursiven Werte sind die beim Zahlungsausgang gebuchten!

Soll	**4400X Verbindlichkeiten LuL**	*Haben*
11.900,00 €		11.900,00 €

Soll	**2800 Bank**	*Haben*
		11.543,00 €

Soll	**6002 Nachlässe RST**	*Haben*
		300,00 €

Soll	**2600 Vorsteuer**	*Haben*
1.900,00 €		*57,00 €*

Naturholz AG

Rechnung

Nur das Beste für unsere Kunden

An der Sägemühle 77
D-72599 Holzhausen
Telefon (588) 98 76 54 32 Fax (588) 98 76 54 33

Datum: 22. April 20..
Rechnung: 701

Rechnung an: Fantastic Furniture OHG
Herrn Felix A. Holz
Mastholter Straße 13
59557 Lippstadt
0123 4567 8910

Lieferung an: Fantastic Furniture OHG
Herrn Felix A. Holz
Mastholter Straße 13
59557 Lippstadt
Telefon

Anmerkungen oder besondere Anweisungen:

Ihr Kontakt	Bestell-Nr.	Lieferdatum	Verpackung	Incoterm	Zahl.-Bedingung

Menge	Artikelbeschreibung	Preis/Einheit	Gesamtbetrag
500,00	Fichtenholt; Einheit = 1 Meter	5,70 €	2.850,00 €
1,00	Transport nach D-59557 Lippstadt		200,00 €
		Netto-Gutschrift	3.050,00 €
		Umsatzsteuersatz	19,00%
		Umsatzsteuer	579,50
		Verpackung und Lieferung	
		Brutto-Gutschriftbetrag	3.629,50 €

Soll			*Buchungssatz*			*Haben*
6000	Aufwendungen RST	2.850,00 €	*an*	44001	Naturholz AG	3.629,50 €
6001	Bezugskosten RST	200,00 €				
2600	Vorsteuer	579,50 €				

Osse Schmierstoffe Rechnung

Öl ist unser Geschäft

Raffineriestraße 5
51709 Essen-Kettwig
Telefon (405) 55 50 190 Fax (405) 55 50 191

DATUM: 12. April 20..
Rechnung: 851

Rechnung an:
Fantastic Furniture OHG
Mastholter Straße 13
59557 Lippstadt
Deutschland
+4912312345679

Artikelbeschreibung	Betrag
45 Liter Schmieröl; 9.90 €/l	445,50 €
Fracht	10,00 €
Ihre Bestellung vom: 10. April 20..	
Ihr Kontakt: Felix A. Holu	
Netto	455,50 €
+19% USt.	86,55 €
Brutto-Rechnungsbetrag	542,05 €

Zahlbar innerhalb 14 Tagen ohne jedwede Abzüge

Soll		*Buchungssatz*				*Haben*
6030	Aufwendungen BST	445,50 €	*an*	44002	Osse	542,05 €
6031	Bezugskosten BST	10,00 €				
2600	Vorsteuer	86,55 €				

Horizon Fittings

Verkäufer	Kunde
Horizon Fitting AG	Fantastic Furniture OHG
Schraubenstraße 13	Mastholter Straße 13
D-33602 Bielefeld	D-59557 Lippstadt
(0521) 9876 5432	0123 1234 5678
(0521) 9876 5421	0123 1234 5679

Ihr Horizon-Kontakt	Ihre Bestellung	Datzum	Karton	Frachtführer
Paul Schmidt	125	17th April 20..	1	DHL

RECHNUNG	Lieferbedingungen	Weitere Informationen
No. 25903	CIF	Your email-order 5th March 20..

Menge	Artikel	Preis 0/00	Summe
2200	Schrauben 30 x 4 mm Material: Aluminium Farbe: Hellbraun Herkunftsland: Littauen	35,00 €	77,00 €

Zwischensumme	77,00 €
Steuersatz	19%
Umsatzsteuer	14,63 €
Andere Kosten	0,00 €
Brutto-Betrag	**91,63 €**

Zahlungsbedingungen:
Zahlbar ohne Abzüge über unser paypal-Konto bis 22.04.20..

Soll		*Buchungssatz*				*Haben*
6020	Aufwendungen HST	77,00 €	*an*	44003	Horizon Fittings	91,63 €
2600	Vorsteuer	14,63 €				

Zahlungsarten

Besonders im Umgang mit Neukunden empfiehlt es sich, auf eine Zahlung per *Vorkasse* zu bestehen. Vertrauen ist gut, Kontrolle ist besser. Und jeder Kunde, der unser Vertrauen als Lieferant gewinnen und zudem noch unsere Produkte erhalten will, lässt sich darauf ein.

Im Business-to-Customer-Geschäft *(B2C)* ist das seit Jahren Gang und Gebe; wenn wir zum Beispiel im Internet Waren bestellen und der Lieferant *Paypal®* als Zahlungsart für Neukunden vorgibt. als Zahlungsart für Neukunden vorgibt.

Weniger als in der ehemaligen DDR ist bei uns die Bezeichnung *Sofortzahlung* gängig. Damit meint man die Zahlung (Überweisung), sobald die Rechnung vorliegt. Verwechseln Sie diesen Begriff nicht mit der *Sofortüberweisung*, die ihnen sicher auch schon im Internethandel begegnet ist.

Wenn Sie mit dem Begriff *Zahlungsziel* konfrontiert werden, sollte Ihnen klar sein, dass es sich um den Tag (das Datum) handelt, an dem der gesamte Rechnungsbetrag spätestens zu überweisen ist. Dieser Terminus begegnet Ihnen auch oft, wenn es um den Abzug von *Skonto* geht. Dann heißen die Zahlungsbedingungen oftmals *"Zahlbar innerhalb 8 Tagen unter Abzug von 2% Skonto; Zahlungsziel 30 Tage ab Rechnungsdatum"*. So oder so ähnlich lauten diese. Wenn Sie in diesem Beispiel spätestens am achten Tag überweisen, dürfen Sie 2%

Skonto (vom Brutto-Rechnungsbetrag) einbehalten. Zahlen Sie am 30. Tag, so ist der gesamte Rechnungsbetrag *ohne Abzüge* zu überweisen.

Gestatten Sie einem Handelspartner, den jeweils fälligen Rechnungsbetrag von Ihrem Konto einzuziehen, so handelt es sich um das *SEPA-Lastschriftverfahren.* Gibt es aus Ihrer Sicht keinen Grund für die Belastung Ihres Kontos, so können Sie die Lastschrift *zurückgehen* lassen. Der Betrag wird Ihrem Konto dann wieder gutgeschrieben und der Handelspartner wird über dessen Hausbank über den *Widerspruch* informiert.

Eine andere – und oftmals nur im Handel mit hochwertigen Waren vorkommende – Zahlungsform ist der *Abbuchungsauftrag.* Der Ablauf und die Einrichtung eines solchen Auftrages gehen wie folgt vonstatten. Zuerst einmal tritt man mit einem neuen Lieferanten in Geschäftsbeziehung. Besonders bei hochpreisigen Artikeln wir er auf diese Zahlungsform bestehen und Ihnen ein entsprechendes Formular zusenden. Darin ist festgehalten, dass Sie ihm gestatten, die jeweils fälligen Rechnungsbeträge - bei ausreichender Deckung – von Ihrem Konto abzubuchen. Dieses Formular geben Sie zu Ihrer Hausbank und lassen es sich dort mit Stempel und Unterschrift versehen wieder aushändigen. Das somit komplett ausgefüllte Formular senden Sie dann zurück an Ihren neuen Lieferanten. Wenn es dann zu einer Abbuchung kommt, können Sie diese *nicht* zurückgeben. Wenn Sie die Abbuchung

für unberechtigt halten, so müssen Sie sich direkt mit dem Lieferanten auseinandersetzen; die Bank bleibt außen vor.

Skontofristen berechnen

Nehmen wir noch einmal das soeben genannte Beispiel für *Zahlungsbedingungen* zu Hilfe. Diese lauteten auf:

"Zahlbar innerhalb 8 Tagen unter Abzug von 2% Skonto oder innerhalb 30 Tagen ohne Abzüge."

Zudem unterstellen wir, dass die Rechnung über brutto € 11.900,00 lautete und das Rechnungsdatum 10.01.2016 trägt.

Januar 2016						
So	Mo	Di	Mi	Do	Fr	Sa
					1	2
3	4	5	6	7	8	9
10	11	12	13	14	15	16
17	18	19	20	21	22	23
24	25	26	27	28	29	30
31						

Februar 2016						
So	Mo	Di	Mi	Do	Fr	Sa
	1	2	3	4	5	6
7	8	9	10	11	12	13
14	15	16	17	18	19	20
21	22	23	24	25	26	27
28	29					

Die Rechnung lautet also auf den 10. Januar 2016. Wenn wir nun die 8 Tage bis zum Ende der *Skontofrist* abzuzählen beginnen, ist der erste Tag der 11. Januar 2016. Der achte Tag, also der letzte Tag, an dem wir unter Abzug von 2% Skonto überweisen dürfen, ist Dienstag, der 18. Januar 2016. Zahlen wir innerhalb des Zahlungsziels, so müssen wir den kompletten Rechnungsbetrag spätestens am 9. Februar 2016 überweisen. Überprüfen Sie das bitte anhand der Kalendarien und beginnen Sie mit dem Zählen am 11. Januar 2016!

Berechnung des Finanzierungsvorteils

Zu Ihren Aufgaben muss es auch gehören, eigenverantwortlich zu prüfen, ob sich der Skontoabzug wirtschaftlich lohnt. Auch die IHK verlangt dieses Wissen. Bei einer solchen Aufgabenstellung werden folgende Dinge unterstellt:

- Ihr Unternehmen muss für den frühzeitigen Rechnungsausgleich den eingeräumten Kontokorrentkredit (*Dispo*) in Anspruch nehmen
- Sie zahlen immer am letztmöglichen Tag unter Abzug von Skonto.
- Zum Zahlungsziel hätte Ihrem Unternehmen der fällige Bruttobetrag in voller Höhe zur Verfügung gestanden

Beispiel:

Ihnen liegt eine Rechnung der Leim AG vor. Diese lautet auf Brutto € 2.380,00. Der volle Betrag ist skontierfähig. Das Zahlungsziel ist: 8 Tage 2% Skonto, 30 Tage rein netto.

Rechnung:

Bruttorechnungsbetrag	€ 2.380,00
davon 2% Skonto	€ 47,60 *(brutto)*
abzüglich 19% Vorsteuer sind dies dann	€ 40,00

Der Zinssatz für die Inanspruchnahme des Kontokorrentkreditss ist 12%.

Rechnung:

Überweisungsbetrag € 2.332,40

Wir überweisen 22 Tage früher, als wir es spätestens tun müssten (30 Tage – 8 Tage)

Zinsbelastung (2.332,40 [€] x 22 [Tage] x 12 [%]) / 360 x 100 = € 17,10

Die Differenz zwischen Netto-Skontoabzug (€ 40,00) und Zinslast (€ 17,10) beträgt somit dann € 22,90.

Hierbei handelt es sich um den so genannten „*Finanzierungsvorteil*"!

Die IHK akzeptiert bei der Ergebnisermittlung zwei (!) Lösungen. Zum einen die oben genannte (€ 22,90), zum anderen die Rechnung Brutto-Skontoabzug (€ 47,60) minus der Zinsbelastung (€ 17,10) = € 30,50. Bitte rechnen *Sie* in jedem Fall mit dem Netto-Skontoabzug!

Rücksendungen im Einkaufsbereich

Im Bereich des Einkaufs von Stoffen und Waren kann es dazu kommen, dass unser Unternehmen eben solche Dinge an den Lieferanten zurückgibt.

Auf den vorherigen Seiten haben wir uns mit den uns gewährten Nachlässen befasst. Zu diesen kann es auch kommen, wenn ein oder mehrere Artikel aufgrund von Mängeln nachträglich rabattiert werden. Der Lieferant schickt uns in diesem Fall eine Gutschrift über einen ausgehandelten Betrag zu, der quasi als Schadenersatz dienen soll.

Mängelrügen, die eine finanzielle Vergütung zur Folge haben, ohne dass es aber zu einer Rücksendung der bemängelten Stoffe und Waren kommt, haben nichts mit einer Rücksendung und der nur darauf zutreffenden Art des Verbuchens zu tun!

Achten Sie in Gutschriften, die Sie in den folgenden Übungen, aber auch in IHK-Prüfungen wiederfinden können, genau darauf, *warum* die Gutschrift erstellt wurde, beziehungsweise, was der Anlass für die Erstellung war!

Folgendes Beispiel (Gutschrift) betrifft eine Rohstofflieferung der Naturholz GmbH. Diese hatte und Fichtenholz geliefert, bei dem es sich jedoch nicht um 1-A-Ware gehandelt hat. Wegen dieses Mangels haben wir uns mit der Naturholz GmbH auf einen nachträglichen Rabatt von 20% einigen können.

Naturholz AG **GUTSCHRIFT**

Nur das Beste für unsere Kunden

An der Sägemühle 77
D-72599 Holzhausen
Telefon (588) 98 76 54 32 Fax (588) 98 76 54 33

Datum 30. April 20..
Gutschrift-Nr. 703

Gutschrift an: Fantastic Furniture OHG
Herrn Felix A. Holz
Mastholter Straße 13
59557 Lippstadt
0123 4567 8910

Lieferung an: Fantastic Furniture OHG
Herrn Felix A. Holz
Mastholter Straße 13
59557 Lippstadt
Telefon

Rabattierung wegen 1B-Qualität

Ihr Kontakt	Bestell-Nr.	Lieferdatum	Verpackung	Incoterm	Zahl.-Bedingung

Menge	Artikelbeschreibung	Preis/Einheit	Gesamtbetrag
500,00	Fichtenholt; Einheit = 1 Meter	5,70 €	2.850,00 €
1,00	Transport nach D-59557 Lippstadt		200,00 €
		Netto-Rabatt 20%	610,00 €
		Umsatzsteuersatz	19,00%
		Umsatzsteuer	115,90
		Verpackung und Lieferung	
		Brutto-Gutschriftbetrag	725,90 €

Diese Gutschrift wird als Nachlass behandelt, weil die bemängelte Ware bei uns verblieben ist. Es kam zu keiner Rücksendung!

Wir buchen diesen Vorgang wie gehabt:

Soll		*Buchungssatz*				*Haben*
44001	Naturholz AG	654,50 €	*an*	6002	Nachlässe Rohstoffe	550,00 €
				2600	Vorsteuer	104,50 €

Nun kommen wir zu einem anderen Beispiel, einer echten Rücksendung von Stoffen.

Wir haben uns mit der Naturholz AG nicht auf einen aus unserer Sicht angemessenen Nachlass einigen können und bitten diese im Zuge einer Ersatzlieferung um die Abholung des Holzes. Die Naturholz AG lässt daraufhin 100 lfd. Meter Holz bei uns abholen und schreibt das wie folgt gut:

Naturholz AG

GUTSCHRIFT

Nur das Beste für unsere Kunden

An der Sägemühle 77
D-72599 Holzhausen
Telefon (588) 98 76 54 32 Fax (588) 98 76 54 33

Datum: 30. April 20..
Gutschrift-Nr.: 704

Gutschrift an:
Fantastic Furniture OHG
Herrn Felix A. Holz
Mastholter Straße 13
59557 Lippstadt
0123 4567 8910

Abholung von:
Fantastic Furniture OHG
Herrn Felix A. Holz
Mastholter Straße 13
59557 Lippstadt
Telefon

Rücksendung unserer Lieferung vom 22. April 20..

Ihr Kontakt	Bestell-Nr.	Lieferdatum	Verpackung	Incoterm	Zahl.-Bedingung

Menge	Artikelbeschreibung	Preis/Einheit	Gesamtbetrag
- 100,00	Spruce; calculation unity: meter	5,70 €	-570,00 €
		Netto-Gutschrift	**-570,00 €**
		Umsatzsteuersatz	19,00%
		Umsatzsteuer	- 108,30 €
		Brutto-Gutschriftbetrag	-678,30 €

Sie haben bemerkt, dass in der Gutschrift explizit auf die Rücksendung hingewiesen wurde. Kommt es zu einer solchen Rücksendung, dann drehen wir den ursprünglichen Buchungssatz, den wir im Zuge des Eingangs der Rechnung vorgenommen haben, um.

Buchungssatz beim Eingang der Rechnung der Naturholz GmbH:

Soll		*Buchungssatz*				*Haben*
6000	Aufwendungen RST	2.750,00 €	*an*	44001	Naturholz AG	3.510,50 €
6001	Bezugskosten RST	200,00 €				
2600	Vorsteuer	560,50 €				

Kommt es also zu einer Rücksendung, wird der oben genannte Buchungssatz einfach um 180° gedreht:

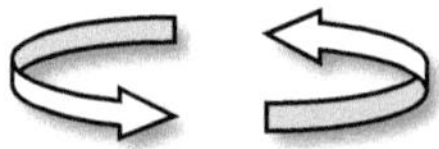

Soll		*Buchungssatz*				*Haben*
44001	Naturholz AG	678,30 €	*an*	6000	Aufwendungen RST	570,00 €
				2600	Vorsteuer	108,30 €

<u>Also noch einmal:</u>

Erhalten wir von einem Lieferanten eine Gutschrift als Entschädigung für mangelhafte Stoffe, die bei uns verblieben sind, buchen wir auf dem Konto „Nachlässe für …-Stoffe“!

Erhalten wir von einem Lieferanten eine Gutschrift, weil wir Stoffe zurückgesandt haben, so drehen wir den ursprünglichen Buchungssatz um!

Folgende Gutschrift eines Rohstoff-Lieferanten trifft bei uns ein:

Kosher GmbH GUTSCHRIFT

Not just for us - but just for you!

Gotthilfstraße 5
D-59558 Lippstadt
Telefon (588) 98 76 54 32 Fax (588) 98 76 54 33

Datum: 6. April 20xx
Belegnummer: **1109**

Gutschrift an: Fantastic Furniture OHG
Herrn Felix A. Holz
Mastholter Straße 13
59557 Lippstadt
0123 4567 8910

Gutschrift wegen Farbabweichung

Ihr Kontaktdaten	Bestellnummer	Lieferdatum	Verpackung	Lieferbedingung	Zahlungsbedingung

Menge	Beschreibung	Einzelpreis	Gesamtpreis
1,00	Gutschrift		300,00 €
		Netto	**300,00 €**
		Umsatzsteuersatz	19,00%
		Umsatzsteuer	57,00
		Verpackung & Versand	
		Brutto	357,00 €

Soll		Buchungssatz				Haben
44004	Kosher GmbH	357,00 €	*an*	6002	Nachlässe Rohstoffe	300,00 €
				2600	Vorsteuer	57,00 €

Ebenso erreicht uns folgende Gutschrift:

Dübelfix GbR GUTSCHRIFT

JUST DRILL IT - WE FILL IT

Utexstraße 99
D-29520 Geseke
Telefon (0543) 9876 5432

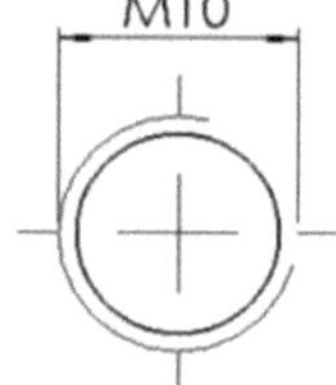

Date: 12. April 20..
GUTSCHRIFT 18999

Adresse: Fantastic Furniture OHG
Herr Felix A. Holz
Mastholter Straße 13
59557 Lippstadt
0123 4567 8910

Ihre Rücksendung vom 3. April 20..

Ihr Kontakt	Bestell-Nr.	Lieferdatum	Verpackung	Lieferbedingung	Zahlungsbed.

Menge	Beschreibung	Preis o/oo	Gesamtbetrag
100.000	6 x 30 mm beech wood dowel	3,10 €	310,00 €
		Netto-Betrag	**310,00 €**
		Umsatzsteuersatz	19,00%
		Umsatzsteuer	58,90
		Brutto-Betrag	368,90 €

Soll		*Buchungssatz*				*Haben*
44005	Dübelfix GbR	368,90 €	*an*	6022	Nachlässe Hilfsstoffe	310,00 €
				2600	Vorsteuer	58,90 €

Nachlässe

Kunden erhalten von uns als verkaufendem Unternehmen regelmäßig Nachlässe. Zum einen sind dies die so genannten Sofortrabatte, die Ihnen zum Beispiel vom Listenpreis eines Artikels gewährt werden.

Diese Sofortrabatte werden „innerhalb" der Rechnung abgezogen und deshalb von Ihnen als Buchhalter nicht gebucht! Ihre „Denke" beginnt bei den Netto-Rechnungsbeträgen.

Die Nachlässe, um die es nun hier gehen soll, sind Skonti, Boni und sonstige nachträgliche Rabatte. Im Bereich des Verkaufs sprechen wir durchweg von „Erlösberichtigungen". *Wir berichtigen unsere beim Ausgang der Rechnung gebuchten Erlöse.* Egal, welche Art von Nachlass man einem Kunden gewährt, werden diese auf einem Konto gebucht. Man unterscheidet jedoch, für welche Art von verkauften Gütern diese Nachlässe gewährt werden:

- Erlösberichtigungen Eigene Erzeugnisse
- Erlösberichtigungen Handelswaren

Achten Sie also unbedingt darauf, für den Verkauf welcher Güter oder Leistungen dieser Nachlass gewährt wurde.

Wir stellen unserem Kunden Habenichts eigene Erzeugnisse im Wert von netto € 20.000,00 in Rechnung. Die Zahlungsbedingung lautet auf *„7 Tage unter Abzug von 2% Skonto, 30 Tage rein netto“*.

Soll		*Buchungssatz*			*Haben*
2400X Habenichts	23.800,00 €	*an*	5000	Erlöse eigene Erzgn.	20.000,00 €
			4800	Umsatzsteuer 19%	3.800,00 €

Kunde Habenichts zahlt die Rechnung so pünktlich, dass es ihm erlaubt ist, die gewährten 2% Skonto zu ziehen. Der zu überweisende Betrag ist somit um 2% zu reduzieren (vom Hundert!)

Er überweist nun zwar nur noch € 23.324,00, der offene Posten (€ 23.800,00) ist jedoch komplett auszubuchen – weil ihm die Minderung gestattet wurde!

Der gestattete Abzug (Nachlass) muss als solcher gebucht werden. Aber aufgepasst! Wir haben dem Kunden erlaubt, einen Teil der Rechnung nicht zu zahlen – also müssen wir die beim Ausgang gebuchte Umsatzsteuer (€ 3.800,00) korrigieren.

Der ursprüngliche Brutto-Rechnungsbetrag lautete auf

€ 23.800,00

Man überweisen uns unter Skontoabzug nur noch 98%

€ 23.324,00

Der Betrag, den wir als Nachlass gewähren, ist € 476,00

Das sind 2% des Brutto-Rechnungsbetrages. Also ist

dieser Betrag inklusive 19% USt. Teilen wir also durch 1,19

und heraus kommt der Netto-Skontoabzug von € 400,00

Die Differenz zwischen Brutto- und Nettoabzug ist € 76,00

und gleichzeitig der Betrag, um den wir die Umsatzsteuer

aus der Ausgangsrechnung korrigieren müssen!

Soll		*Buchungssatz*			*Haben*
2800	Bank	23.324,00 €	*an*	2400X Forderungen LuL	23.800,00 €
5001	Erlösberichtigung	400,00 €			
4800	Umsatzsteuer 19%	76,00 €			

So sehen die einzelnen Konten danach aus. Die kursiven Werte sind die beim Zahlungseingang gebuchten!

Soll	**2400X Forderungen LuL**	Haben
	23.800,00 €	23.800,00 €

Soll	**2800 Bank**	Haben
	23.324,00 €	

Soll	**5001 Erlösberichtigung e.E.**	Haben
	400,00 €	

Soll	**4800 Umsatzsteuer 19%**	Haben
	76,00 €	

Die Vorgehensweise bei den gewährten Nachlässen ist also denen im Einkauf mehr als ähnlich. Genauso verhält es sich auch, wenn wir dem Kunden nicht Skonti, Boni oder nachträgliche Rabatte einräumen, sondern er uns – warum auch immer – die Waren zurückschickt.

Genau wie in der Beschaffung (dem Einkauf) drehen wir dann den Buchungssatz, der sich aus der ursprünglichen Ausgangsrechnung ergeben hatte, um.

Buchungssatz beim Ausgang der Rechnung an den Kunden Müller GmbH:

Soll		*Buchungssatz*				*Haben*
2400X	Forderungen LuL	3.570,00 €	*an*	5000	Erlöse eigene Erzgn.	3.000,00 €
				4800	Umsatzsteuer 19%	570,00 €

Kommt es also zu einer Rücksendung, wird der oben genannte Buchungssatz einfach um 180° gedreht:

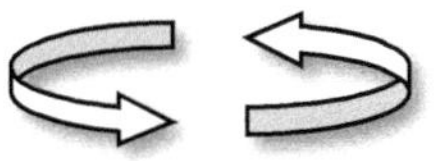

Soll		*Buchungssatz*				*Haben*
5000	Erlöse eigene Erzgn.	3.000,00 €	*an*	2400X	Forderungen LuL	3.570,00 €
4800	Umsatzsteuer 19%	570,00 €				

Sie haben auf diesem Wege die ursprüngliche Buchung storniert. Die Forderungen, die Erlöse und die Umsatzsteuerschuld wurden so *neutralisiert*. Versuchen Sie, die auf der Folgeseite genannten Beispiele daraufhin zu prüfen, ob es sich um eine Erlösschmälerung oder um eine Rücksendung handelt. Buchen Sie entsprechend.

FANTASTIC FURNITURE OHG

Gutschrift 0006

6. April 20..

Möbel Unger
Herrn Samuel Paul
Stuhlweg 44
D-69031 Frankfurt am Main

Fantastic Furniture OHG
Mastholter Straße 13
D-59557 Lippstadt

Ihre Rücksendung vom 2. April 20..

Unsere USt-ID: DE1234567890

Menge	Details	Einzelpreis	Gesamtbetrag
1	Tisch "Enduro"	400,00 €	400,00 €
		Rabatt	
		Zwischensumme	400,00 €
		19% USt.	76,00 €
		Brutto-Betrag	**476,00 €**

KONTOINFORMATIONEN
Name des Begünstigten: Fantastic Furniture OHG
Name der Bank: Sparkasse Lippstadt
Adresse der Bank: Spielplatzstraße 10, 59555 Lippstadt
Kontonummer: 1234567
SWIFT-Code: 9876543210

KONTAKTDATEN
Felix A. Holz
Telefon: 0123 - 1234 5678
Fax: 0123 - 1234 5679
fantastic-german-furniture.jimdo.de
buchfuehrung@gmx-topmail.de

Soll		*Buchungssatz*				*Haben*
5000	Erlöse eigene Erz.	400,00 €	*an*	24002	Möbel Unger	476,00 €
4800	Umsatzsteuer 19%	76,00 €				

FANTASTIC FURNITURE OHG

Gutschrift 0007

6. April 20...

Furniture Dumping
z. H. Frau Seller
Borsenallee 1
D-32051 Herford

Fantastic Furniture OHG
Mastholter Straße 13
D-59557 Lippstadt

Ihre Reklamation vom 4. April 20..; Farbfehler

Unsere USt-ID: DE1234567890

Menge	Details	Einzelpreis	Gesamtbetrag
1	Desc "Enduro" Farbveränderung	100,00 €	100,00 €
		Rabatt	- €
		Zwischensumme	100,00 €
		19% Umsatzsteuer	19,00 €
		Brutto-Betrag	119,00 €

KONTOINFORMATIONEN
Name des Begünstigten: Fantastic Furniture OHG
Name der Bank: Sparkasse Lippstadt
Adresse der Bank: Spielplatzstraße 10, 59555 Lippstadt
Kontonummer: 1234567
SWIFT-Code: 9876543210

KONTAKTDATEN
Felix A. Holz
Telefon: 0123 - 1234 5678
Fax: 0123 - 1234 5679
fantastic-german-furniture.jimdo.de
buchfuehrung@gmx-topmail.de

Soll		*Buchungssatz*				*Haben*
5001	Erlösber.e.Ezrgn.	100,00 €	*an*	24001	Furniture Dumping	119,00 €
4800	Umsatzsteuer 19%	19,00 €				

FANTASTIC FURNITURE OHG

GUTSCHRIFT 0008

19. April 20..

Living & More
Mr. B. Pitt
77 Sunset Boulevard
Las Vegas USA

Fantastic Furniture OHG
Mastholter Straße 13
D-59557 Lippstadt

Ihre Rücksendung vom 17. April 20..

Our Tax-ID: DE1234567890

Menge	Beschreibung	Einzelpreis	Gesamtbetrag
1	Bücherregal "MGM"	8.700,00 €	8.700,00 €
		Rabatt	
		Zwischensumme	8.700,00 €
		0% USt.	- €
		Brutto	8.700,00 €

KONTOINFORMATIONEN
Name des Begünstigten: Fantastic Furniture OHG
Name der Bank: Sparkasse Lippstadt
Adresse der Bank: Spielplatzstraße 10, 59555 Lippstadt
Kontonummer: 1234567
SWIFT-Code: 9876543210

KONTAKTDATEN
Felix A. Holz
Telefon: 0123 - 1234 5678
Fax: 0123 - 1234 5679
fantastic-german-furniture.jimdo.de
buchfuehrung@gmx-topmail.de

Soll		*Buchungssatz*				*Haben*
5000	Erlöse e. Erzgn.	8.700,00 €	*an*	24003	Living & More	8.700,00 €

Anlagevermögen

In den ersten Übungen zum betrieblichen Rechnungswesen haben wir uns auch mit dem Kauf von Anlagegütern beschäftigt. Dabei ging es aber allein um einen Aktivtausch oder um eine Aktiv-/Passiv-Mehrung

In den vorherigen Kapiteln haben wir uns aber mit den Aufwands- und den Ertragskonten beschäftigt. Konten, deren Salden Auswirkungen auf das betriebliche Ergebnis haben.

Manch ein Anlagegut kann auch recht groß sein

Beim reinen Buchen auf Bestandskonten ergibt sich „Null" Auswirkung auf den Erfolg unseres Unternehmens. Wie aber wird berücksichtigt, dass doch der Wert eines erworbenen Anlagegutes mit zunehmendem Alter, bzw. mit anhaltender Nutzung sinkt? Um dies zu erfahren, müssen wir uns näher mit den Grundlagen der Anlagenbuchführung befassen. Diese wird parallel zur eigentlichen Buchführung vorgenommen. Sie gilt als Nebenbuch.

Zu allererst müssen wir ermitteln, welchen Wert das neue Anlagegut hat. Der *Wert* ist mit dem Begriff „Anschaffungs- und Herstellungskosten" gleichzusetzen. Das sind die Kosten, die die Anschaffung, bzw. die Herstellung eines Anlagegutes verursacht hat.

Nehmen wir ein Beispiel: Die „Technik AG“ hat uns eine große Fräse zur Bearbeitung der Hölzer (Rohstoffe) geliefert. Die Rechnung sah wie folgt aus:

Technology AG

Keep on milling and drilling

Rechnung

Gripsweg 3
22015 Hamburg
Telefon (040) 9988 7766

DATUM: 19. April 20..
NUMMER: 85779211

Rechnung an:
Fantastic Furniture OHG
Mastholter Straße 13
59557 Lippstadt
Deutschland
+4912312345679

Produktbeschreibung	Gesamtbetrag
1 Großfräse "Fortuna"	22.400,00 €
Frachtkosten	980,00 €
Ihre Bestellung vom: 10. März 20..	
Unsere Lieferung vom: 17. März 20..	
Netto	23.380,00 €
+ 19% Umsatzsteuer	4.442,20 €
Brutto-Rechnungsbetrag	27.822,20 €

Nun also müssen wir zuerst herausfinden, wie hoch die Anschaffungs-/Herstellungskosten für die Fräse ausgefallen sind.

Dazu einen Merksatz: Zu den Anschaffungs- und Herstellungskosten (AHK) zählen alle Kosten, die entstanden sind, um das Anlagegut in einen betriebsbereiten Zustand zu versetzen!

„*Betriebsbereit*"… Welche Kosten aus obiger Rechnung zählen dazu?

Erst einmal natürlich der Kaufpreis der Maschine = 22.400,00 €. Aber, wäre die Maschine *betriebsbereit*, wenn sie nicht zu uns transportiert worden wäre? Nein! Also müssen wir die Frachtkosten in Höhe von 980,00 € hinzurechnen.

Was tun wir mit der in der Rechnung ausgewiesenen Umsatzsteuer? Nichts! Sie erinnern sich sicher, dass diese ein durchlaufender Posten ist. Vom Betriebsstätten-Finanzamt erhalten wir diese zurück.

Die *vorläufigen* Anschaffungskosten (AHK) liegen somit bei 23.380,00 €. Wir wird dieser Vorgang nun gebucht?

Soll			*Buchungssatz*			*Haben*
700	TAM	23.380,00 €	*an*	44006	Technik AG	27.822,20 €
2600	Vorsteuer	4.442,20 €				

Sie sehen, die Frachtkosten werden nicht auf einem separaten Konto verbucht, sondern sie werden – weil sie zu den Anschaffungs-/Herstellungskosten zählen – in einem Betrag mit dem Kaufpreis des eigentlichen Gutes gebucht. Man spricht dabei von der Aktivierung.

Auf der Seite zuvor haben Sie die Formulierung *„vorläufige Anschaffungs- und Herstellungskosten (AHK)"* gelesen. Zugegeben – wieder ein neuer Begriff, den Sie sich merken müssen.

Diese Vorläufigkeit bezieht sich auf die in der Rechnung genannte Zahlungsbedingung:

„Zahlungsbedingung: 10 Tage 2 % Skonto auf den reinen Maschinenpreis, 30 Tage netto Kasse"

Bei der Anschaffung von Stoffen und Waren haben wir den Skontoertrag als „Nachlässe" gebucht. Beim Kauf eines Anlagegutes ist dies anders. Der Nachlass der „Technik AG" mindert die Anschaffungskosten der Fräse!

Der Rechnungssteller schreibt, dass nur vom reinen Maschinenpreis (22.400,00 €) Skonto gezogen werden darf. Bei 2% entspricht dies 448,00 €, die die AHK mindern.

Der Buchungssatz beim Ausgleich der Rechnung durch Banküberweisung lautet:

Soll			*Buchungssatz*			*Haben*
44006	Technik AG	27.822,20 €	*an*	2800	Bank	27.289,08 €
				0700	TAM	448,00 €
				2600	Vorsteuer	85,12 €

Nun ermitteln wir die endgültigen AHK:

Kaufpreis Fräse netto	€ 22.400,00
+Frachtkosten	€ 980,00
-Skonto (Nachlass netto)	€ 448,00
AHK (endgültig)	€ 22.932,00

Dieser Betrag muss auf dem Konto „Technische Anlagen und Maschinen" wieder zu finden sein!

Nun haben wir die endgültigen Anschaffungskosten der Fräse mit € 22.932,00 ermittelt. Mit diesem Betrag haben wir die Fräse *aktiviert*. Das heißt, dieser Wert ist so in unserer Finanzbuchhaltung und später dann in der Bilanz wiederzufinden. Aber Stopp! Hat die Fräse am Ende des Jahres noch den Wert, zu dem wir sie am 19. April erworben haben? Nein, natürlich nicht. Die Maschine hat in den etwas mehr als acht Monaten an Wert verloren.

Die erworbene Maschine zählt – wie wir wissen – zum Vermögen unseres Unternehmens. Wenn dieses Vermögen durch Nutzung und/oder durch Alterung an Wert verliert, müssen wir dies in der Finanzbuchhaltung berücksichtigen.

Sie erinnern sich, wie wir dies zum Beispiel bei unbrauchbaren Rohstoffen gemacht haben. Wir buchten den Verlust an Rohstoffen als Aufwand. Und genauso verfahren wir auch beim Wertverlust des Anlagevermögens; nur nennen wir den Werteverzehr dann anders. Wir sprechen dabei von der *Abschreibung*. Oder aber auf von der *Absetzung für Abnutzung* – kurz *AfA*.

Doch in welcher Höhe darf die *Abschreibung (AfA)* berücksichtigt werden, bzw. um welchen Betrag darf die AfA unseren Gewinn mindern? Denn auch dieses Konto wird über das Gewinn- und Verlustkonto abgeschlossen.

Dazu gibt der Gesetzgeber klare Vorgaben. Für alle erdenklichen Anlagegüter hat er eine Tabelle zusammengestellt. Und in dieser *Abschreibungstabelle* ist genau geregelt, über wie viele Jahre üblicherweise ein Anlagegut genutzt wird. Aus dieser Angabe lässt sich dann die jährliche Abschreibung ermitteln, die bei unserer Fräse zu berücksichtigen ist.

Nehmen wir einmal an, dass für den Bereich der Holzverarbeitung eine stationäre Fräse über einen Zeitraum von 10 Jahren abzuschreiben ist. Dann steht es unserem Unternehmen zu, die Anschaffungskosten über eben diesen Zeitraum nach und nach als Abschreibung zu berücksichtigen.

Unterstellen wir, dass der Tag der Anschaffung der 19. April 2015 war, so heißt das, dass die Maschine bis 2024 abzuschreiben ist. Aber – mit welchem jährlichen Betrag? Ganz einfach:

Die Anschaffungskosten betrugen € 22.932,00. Über einen Zeitraum von 10 Jahren ist dieser Betrag abzuschreiben:

$$\frac{\text{Anschaffungskosten}}{\text{Nutzungsdauer laut AfA-Tabelle}}$$

$$\frac{22.932,00}{10}$$

AfA pro Jahr = € 2.293,20

Gut, auf diese Weise wird – so einfach es aussehen mag – für jedes Gut die jährliche Abschreibung ermittelt; der Betrag, der für die Nutzung in einem ganzen Wirtschaftsjahr unseren Gewinn mindern darf.

Aber… Schauen wir noch einmal auf das Datum, an dem wir die Fräse erworben haben und an dem sie auch betriebsbereit war: Der 19. April 2015! Demzufolge haben/können wir das Wirtschaftsgut nicht *ein komplettes Wirtschaftsjahr* nutzen! Also (wiederum eine Folge) dürfen wir auch nicht die *Jahresabschreibung* geltend machen, sondern nur einen Teil dessen.

Wichtig! Jeder Monat, in dem ein Anlagegut genutzt wurde (auch in Bruchteilen!), gilt als ein voll genutzter Monat. In unserem Fall war es der 19. April. Dem Gesetz nach dürfen wir also die Abschreibung auch für den ganzen April nutzen. Rechnen wir dies einmal aus:

$$\frac{22.932,00}{\text{10 Jahre}}$$

= 2.293,20 an jährlicher AfA

$$\frac{2.293,20}{12 \text{ Monate}}$$

= 191,10 an monatlicher AfA

191,10 x der genutzten Monate (April bis Dezember)

= 191,10 x 9

= € 1.719,90

Dies ist die Abschreibung im *Jahr der Anschaffung*. Ergo: Um diesen Betrag wird unser Gewinn gemindert. Doch wie wird das dann gebucht?

Zuerst ist das Konto mit den endgültigen Anschaffungskosten der Fräse bebucht worden.

Soll	**0700 TAM** *Haben*
22.932,00 €	

Nun buchen wir die Abschreibung des Jahres 2015 mit dem Buchungssatz:

Abschreibungen auf Sachanlagen an TAM 1.719,90

Soll	**6520 AfA auf Sachanlagen**	*Haben*
	1.719,90 €	

Soll	**0700 TAM**	*Haben*
	22.932,00 €	*1.719,90 €*

Wenn wir nun den Saldo des Kontos TAM ermitteln wollen, bilden wir einfach die Differenz aus der Soll- und aus der Haben-Position:

Soll	**0700 TAM**	*Haben*
	22.932,00 €	1.719,90 € **21.212,10 €**

Dies ist der *restliche Wert*, den die Fräse (zumindest rein rechnerisch) am 31.12.2015 hat. Im Fachdeutsch spricht man vom *Restbuchwert*, dem „restlichen Wert, mit dem die Maschine in den Büchern steht".

Der Restbuchwert wird rechnerisch ermittelt und mit dem Buchungssatz

Soll		*Buchungssatz*				*Haben*
8010	Schlussbilanzkonto	21.212,10 €	*an*	0700	TAM	2.121,10 €

in das SBK gebucht.

Abschreibungsmethoden

In dem Beispiel der von uns erworbenen Fräse haben wir unterstellt, dass das Anlagegut gemäß AfA-Tabelle über einen Zeitraum von zehn Jahren abgeschrieben wird. Bei der Berechnung der jährlichen AfA haben wir die endgültigen Anschaffungskosten durch die Nutzungsdauer laut AfA-Tabelle geteilt. Damit haben wir erreicht, dass über die fiktive Nutzungsdauer hinweg immer der gleiche Betrag abgeschrieben wird. Im Falle unserer Fräse waren dies € 2.293.20.

Hoffentlich ist dieses Anlagegut schon voll abgeschrieben.

Wir sind gleich mit dieser Abschreibungsmethode gestartet, weil dies die gängigste ist. Die gewählte Abschreibungsart ist die lineare Abschreibung. *Linear* deshalb, weil der Betrag der jährlichen Abschreibung über die Nutzungsdauer hinweg gleich bleibt. *Linear* deshalb, weil der Betrag der jährlichen Abschreibung über die Nutzungsdauer hinweg gleich bleibt.

Ein weiterer wichtiger Punkt, den man sich merken muss ist, dass die jährliche Abschreibung bei der linearen AfA von den Anschaffungskosten ermittelt werden muss.

Folgende *Entwicklung des Anlagevermögens* ergibt sich daraus:

Anschaffungskosten	€ 22.932,00
AfA im Jahr der Anschaffung	€ 1.719,90
Restbuchwert 31.12.2015	€ 21.212,10
AfA 31.12.2016	€ 2.293,20

Restbuchwert 31.12.2016	€ 18.918,90
AfA 31.12.2017	€ 2.293,20
Restbuchwert 31.12.2017	€ 16.625,70
…	
Restbuchwert 31.12.2023	€ 2.866,50
AfA 31.12.2024	€ 2.293,20
Restbuchwert 31.12.2024	€ 573,30
AfA 31.03.2025	€ 572,30
Restbuchwert 31.03.2025	€ 1,00

Üblicherweise wird im letzten Jahr der *Nutzungsdauer laut AfA-Tabelle* nicht der maximal mögliche Betrag als Aufwand gebucht. Man lässt 1 Euro Restbuchwert für die Fräse in der Fibu bestehen. Dieser Wert soll daran *erinnern*, dass das Anlagegut noch existent ist. Deshalb spricht man vom Erinnerungswert.

Degressive Abschreibung

Die zweite Möglichkeit, ein Anlagegut abzuschreiben, heißt degressive Abschreibung. Bei dieser Abschreibungsart – die im Augenblick seitens des Gesetzgebers nicht zulässig ist – darf das Anlagegut zu Beginn der Nutzung mit einem höheren Betrag abgeschrieben werden.

Die maximale Höhe des degressiven Abschreibungssatzes errechnet sich wie folgt:

Der Abschreibungssatz der linearen Abschreibung [in unserem Fall 10%] wird mit der Zahl 2,5 multipliziert. Das sich daraus ergebende Ergebnis, das den Wert 25 [%] nicht überschreitet.

Wir errechnen dies am Beispiel der Fräse:

Abschreibungssatz 10% [100% / 10 Jahre] x 2,5 = 25%.

Bei der degressiven Abschreibung wird die AfA nicht von den Anschaffungskosten berechnet, sondern vom Restbuchwert des jeweiligen Vorjahres. Rechnen wir dies am Beispiel unserer Fräse durch:

Anschaffungskosten	€ 22.932,00
AfA im Jahr der Anschaffung	€ 4.299,75
[22.932 x 25% / 12 x 9]	
Restbuchwert 31.12.2015	€ 18.623,25
AfA 31.12.2016	€ 4.655,81
[25% von 18.623,25]	
Restbuchwert 31.12.2016	€ 13.967,44
AfA 31.12.2017	€ 3.491,86
[25% von 13.967,44]	
Restbuchwert 31.12.2017	€ 10.475,58
AfA 31.12.2018	€ 2.618,90
[25% von 10.475,58]	
Restbuchwert 31.12.2018	€ 7.856,68
AfA 31.12.2019	€ 1.964,17
[25% von 7.856,68]	

Restbuchwert 31.12.2019 € 5.892,51

…

Sie können aus der Wahl dieser Abschreibungsmethode drei Dinge folgern: Zum einen ist es für den steuerpflichtigen Unternehmer von Vorteil, seinen Gewinn zu Beginn der Nutzung um einen relativ hohen Betrag zu mindern.

Zweitens würden wir bei Beibehaltung der degressiven AfA niemals einen Restbuchwert von „0 Euro“ erreichen, weil wir immer vom Restbuchwert 25% abschreiben.

Die dritte Sache ist die, dass die Abschreibung im Jahr 4 nach der Anschaffung mit € 1.964,17 unter der möglichen linearen Abschreibung in Höhe von € 2.293,20 liegt. Nun ist die Beibehaltung der degressiven AfA nicht mehr wirtschaftlich sinnvoll.

Nun gibt es also zwei Argumente dafür, die degressive AfA nicht exzessiv zu betreiben. Es würde auch wirklich keinen Sinn machen. Aus diesem Grund hat der Unternehmer die Möglichkeit von der degressiven zur linearen Abschreibung zu wechseln. Wir tun dies in dem Jahr, in dem die lineare Abschreibung über der degressiven Abschreibung liegt! Ein Wechsel von der linearen AfA zur degressiven macht keinen Sinn und ist nicht zulässig!

Der Grund dafür, dass wir das System der degressiven AfA kennen müssen, obwohl sie im Augenblick nicht mehr zulässig ist, liegt darin, dass ein Betrieb, der [zuletzt 2010] noch *legal* diese AfA-Art wählte, noch ein solches Gut im Anlagevermögen haben kann.

Auf der Folgeseite geht es noch um die letzte Art der Abschreibung, die AfA nach Leistungseinheiten.

Abschreibung nach Leistungseinheiten

Seitens der Hersteller von Maschinen etc. kann uns auch die Zahl der Betriebsstunden genannt werden, die die Fräse normalerweise nutzbar ist. Sprich: bis sie verbraucht und unbrauchbar ist.

Nehmen wir an, die Technik AG hat uns für die Fräse eine zu erwartende Nutzungsdauer von 4.000 Betriebsstunden genannt. Dann ermitteln wir die Abschreibung nach Leistungseinheiten wie folgt:

$$\frac{\text{Anschaffungskosten}}{\text{Nutzungsdauer in Std.}}$$

$$\frac{22.932,00}{4.000}$$

AfA pro Stunde [Leistungseinheit] = € 5,733

Nutzen wir die Fräse im Jahr der Anschaffung für zum Beispiel 1.100 Stunden, so können wir die Absetzung für Abnutzung leicht ermitteln:

1.100 [Leistungseinheiten] x [€] 5,733 = € 6.306,30

Auch bei dieser AfA-Methode berücksichtigt man üblicherweise einen Erinnerungswert von € 1,- der in der Finanzbuchhaltung bestehen bleibt.

Geringwertige Wirtschaftsgüter

Auch wenn es kaum zu glauben ist, so macht der Gesetzgeber Eingeständnisse gegenüber den Unternehmen. Diese ermöglichen es den Steuerpflichtigen, den Arbeitsaufwand zumindest in Teilen des betrieblichen Rechnungswesens klein zu halten.

So zum Beispiel bei Anschaffungen, die eigentlich im vollen Umfang in der Anlagenbuchführung zu berücksichtigen sind, deren Wert aber eher als unerheblich einzustufen ist. Hierbei sind drei Wertegrenzen zu beachten!

Beispiel Wertegrenze 1:

Ihr Unternehmen erwirbt beim örtlichen PC-Markt einen Multifunktionsdrucker für brutto € 107,10 bar.

Eigentlich müssten wir diesen in der Anlagenbuchführung voll erfassen, ein eigenes Anlagenkarteiblatt führen und und und …

Um den Aufwand für den Unternehmer zu minimieren, braucht er dies nicht tun und kann die Anschaffungskosten sofort und vollständig als Aufwand buchen. Üblicherweise verwendet man die Konten „Sonstige betriebliche Aufwendungen“ oder aber auch „Bürobedarf“.

Buchungssatz:

Soll		*Buchungssatz*				*Haben*
6930	Sonst.betr.Aufw.	90,00 €	*an*	2880	Kasse	107,10 €
2600	Vorsteuer	17,10 €				

Eine Voraussetzung für die Nutzung dieser Vereinfachungsregel ist es, dass die Netto-Anschaffungskosten des Anlagegutes unter € 150,01 liegen.

Beispiel Wertegrenze 2:

Ihr Unternehmen erwirbt bei einem

Fachhändler eine Spiegelreflex-Kamera für brutto € 464,10. Wir

zahlen wieder bar.

Der Anschaffungspreis liegt mit netto € 390,00 definitiv über den

€ 150,00, dennoch können wir auch bei diesem Gut von einer Vereinfachungsregel profitieren. Liegen die Anschaffungskosten zwischen € 150,01 und € 410,00 netto (man spricht dabei von *Geringwertigen Wirtschaftsgütern*), so darf der Unternehmer die erworbenen Anlagegüter im Jahr der Anschaffung voll abschreiben!

Buchungssatz:

Soll		*Buchungssatz*				*Haben*
0890	GWG	390,00 €	*an*	2880	Kasse	464,10 €
2600	Vorsteuer	74,10 €				

Buchung 31.12.20..:

Soll		*Buchungssatz*				*Haben*
6540	Abschreibung GWG	390,00 €	*an*	0890	GWG	390,00 €

Im Zuge der Wirtschaftskrise 2008/2009 musste der Gesetzgeber auch bei den Geringwertigen Wirtschaftsgütern einschreiten und setzte die gesetzliche Regelung für ein Jahr außer Kraft. Stattdessen führte er eine neue Variante mit einer neuen Wertgrenze ein.

Beispiel Wertgrenze 3:

Das Unternehmen, für das Sie arbeiten, erwirbt am 15.04.20.. einen Schreibtisch für netto € 400,00. Sie kaufen diesen auf Ziel.

Im Jahr 2009 war es Ihnen nur gestattet, Wirtschaftsgüter bis zu einem Netto-Anschaffungspreis von € 150,00 im Jahr der Anschaffung als Aufwand zu buchen. Alle Anschaffungen mit einem Netto-Wert zwischen € 150,01 und € 1.000,00 mussten (in einem so genannten GWG-Pool aktiviert) und über einen Zeitraum von 5 Jahren linear abgeschrieben werden. Die Güter, deren AHK über € 1.000,00 lagen, musste man gemäß AfA-Tabelle abschreiben.

Buchungssatz:

Soll		Buchungssatz				Haben
0895	GWG-Sammelposten	400,00 €	*an*	4400X	Verbindlichkeiten LuL	476,00 €
2600	Vorsteuer	76,00 €				

Am 31. Dezember wird im Zuge der Jahresabschlussarbeiten die AfA gebucht. Das erfolgt auf einem separaten Aufwandskonto „*Abschreibung GWG-Sammelposten*“.

Soll		Buchungssatz				Haben
6541	AfA GWG-Sammelp.	80,00 €	*an*	0895	GWG-Sammelposten	80,00 €

Seit ein paar Jahren ist es so, dass der Unternehmer ein Wahlrecht hat. Er kann wählen, ob er Geringwertige Wirtschaftsgüter mit Anschaffungskosten von € 150,01 bis € 410,00 im Jahr der Anschaffung voll abschreibt oder ob er alle Güter mit einem Anschaffungspreis von € 150,01 bis € 1.000,00 über fünf Jahre verteilt abschreibt.

Dieses Wahlrecht steht ihm für jedes Wirtschaftsjahr neu zu. Entscheidet er sich in 20.. einmal für eine Variante, so hat er diese für das ganze Geschäftsjahr beizubehalten.

Zusammenfassung:

- AHK bis netto € 150,00 – im Jahr der Anschaffung als Aufwand buchen.

- AHK bis netto € 410,00 – das GWG im Jahr der Anschaffung voll abschreiben

oder

- AHK zwischen € 150,01 und € 1.000,00 netto – in einem GWG-Pool über 5 Jahre linear abschreiben.

- Das Wahlrecht (GWG und GWG-Pool) besteht für jedes Jahr neu, muss aber in einem Jahr beibehalten werden.

Lohn und Gehalt

Wie auch schon bei den Mitarbeitern der *Anlagebuchführung* handelt es sich bei den Kollegen, die sich mit der Abrechnung der *Löhne & Gehälter* beschäftigen, um separate Abteilungen. Sie, als Mitarbeiterin der *Buchführung*, haben mit dem Ermitteln der Bruttobezüge, der steuerlichen und sozialversicherungsrechtlichen Abzüge nichts zu tun. Ihnen wird nach dem Erstellen der Lohnabrechnungen eine Buchungsliste übergeben. Die darin enthaltenen Geschäftsfälle sind von Ihnen in die laufendende monatliche Buchführung zu übernehmen. Im Normalfall sind dies die letzten Buchungen, bevor die Rechnungsperiode abgeschlossen werden kann.

Das Verbuchen der Liste ist in der Arbeitswelt Normalität. Das heißt, Ihre Arbeit würde sich auf diese „stumpfe" Tätigkeit beschränken. Sie sollen aber in der Lage sein, zu erkennen, ob die Ihnen übergebene Buchungsliste „stimmig" ist oder ob sich ein Fehler eingeschlichen hat.

Überlegen wir zuerst, welche Beträge als Resultat der Lohnabrechnungen gebucht werden müssen.

Bestandteil der Lohnabrechnung

Brutto-Löhne

Brutto-Gehälter

Zusatzleistungen des AG (z.B. VL-Zuschuss)

Lohnsteuer

Kirchensteuer

Solidaritätszuschlag

Rentenversicherungsbeitrag (AN)

Krankenversicherungsbeitrag (AN)

Pflegeversicherungsbeitrag (AN)

Arbeitslosenversicherungsbeitrag (AN)

Netto-Betrag

Netto-Abzüge (z.B. VL-Sparbetrag)

Auszahlungsbetrag

Eine Menge an Informationen, die wir der Lohnabrechnung entnehmen können. Diese Daten stecken in einer *einzigen* Abrechnung. Nun stellen wir uns vor, Sie arbeiten in einem Unternehmen, das zum Beispiel mehr als 100 Beschäftigte hat.

Würden Sie am Monatsende jede einzelne Lohnabrechnungen auseinander „dröseln“ und verbuchen, kämen Sie zu keiner anderen Arbeit mehr. Deshalb werden die Daten aller Lohn- und Gehaltsabrechnungen aufsummiert und in Summe gebucht. Das spart Zeit und Nerven.

Nehmen wir uns die Liste zur Hand und schauen wir zuerst einmal nach, ob wir nicht einen Teil der Einzelpositionen zusammenfassen können.

Bestandteil der Lohnabrechnung	*und wer ist der Zahlungsempfänger?*
Brutto-Löhne	
Brutto-Gehälter	
Zusatzleistungen des AG (z.B. VL-Zuschuss)	
Lohnsteuer	*Finanzbehörde*[2]
Kirchensteuer	*Finanzbehörde*
Solidaritätszuschlag	*Finanzbehörde*
Rentenversicherungsbeitrag (AN)	*Krankenkasse*[3]
Krankenversicherungsbeitrag (AN)	*Krankenkasse*
Pflegeversicherungsbeitrag (AN)	*Krankenkasse*
Arbeitslosenversicherungsbeitrag (AN)	*Krankenkasse*
Netto-Betrag	
Netto-Abzüge (z.B. VL-Sparbetrag)	*Bausparkasse*[4]
Auszahlungsbetrag	*Mitarbeiter*

---

[2] Die Bezeichnung „Finanzbehörde" ist nur für die schriftliche Prüfung wichtig. Die IHK spricht bei Schulden gegenüber dem [ugs.] „Finanzamt" immer von *„Verbindlichkeiten gegenüber Finanzbehörde"*.

[3] Unter „Krankenkasse" versteht man beim Verbuchen der Löhne und Gehälter immer *die* Krankenkasse des Arbeitnehmers.

[4] „Bausparkasse" ist nur ein Beispiel. Empfänger dieser Zahlungen kann auch die eigene Hausbank sein (Sparvertrag) oder die X-Bank, wenn man einen Vertrag über Wertpapiersparen abgeschlossen hat.

So lassen sich die Einzelpositionen auf eine viel kleinere Zahl an Werten herunter reduzieren:

Brutto-Löhne

Brutto-Gehälter

Zusatzleistungen des AG

Steuerliche Abzüge

Sozialversicherungsrechtliche Abzüge

Netto-Betrag

Netto-Abzüge

Auszahlungsbetrag

Übernehmen wir diese Liste auf die nächste Seite und überlegen, welche Fibu-Konten betroffen sind.

Brutto-Löhne	Aufwand	Aufwendungen Löhne
Brutto-Gehälter	Aufwand	Aufwendungen Gehälter
VL-Zuschuss AG	Aufwand[5]	Aufwendung. Löhne/Gehälter

---

5 „VL-Zuschüsse" des Arbeitgebers sind ein Bestandteil des Bruttoentgeltes/Bruttolohns. Dieser werden nicht separat, sondern auf dem gleichen Konto wie Lohn und/oder Gehalt gebucht.

Steuerliche Abzüge	Schulden[6]	Verb. geg. Finanzbehörde
Sozialvers. Abz.	Schulden[7]	SV-Vorauszahlung[8]
Netto-Betrag		*wird nicht gebucht*
Netto-Abzüge	Schulden[9]	Verb. aus Vermögensbildung
Auszahlungsbetrag	**Schulden[10]**	**Bank**

Dass ganze Prozedere ist recht abstrakt und ohne Beispiel-Zahlen ist es nur schwer nachvollziehbar. Deshalb…

---

[6] Der Arbeitgeber *hat* den Mitarbeiter mit Lohn- und Kirchensteuer und dem Soli-Zuschlag zu belasten. Der Arbeitgeber ist verpflichtet, diese „steuerlichen Abzüge“ an sein Finanzamt abzuführen. Er (der Unternehmer) schuldet dem Finanzamt diese Beträge.

[7] Der Arbeitgeber *hat* den Mitarbeiter mit den auf seinen Lohn/sein Gehalt entfallenden Sozialversicherungs-beiträgen zu belasten. Er (der Unternehmer) ist der direkte Schuldner gegenüber der gesetzlichen Krankenversicherung.

[8] Die Schulden, die sich aus dem Abzug der Sozialversicherungsbeiträge ergeben, sind (aus Sicht der IHK) auf diesem Konto zu verbuchen. Lassen Sie sich nicht durch die Kontenbezeichnung irritieren.

[9] Der Arbeitgeber zieht dem Mitarbeiter (in dessen Auftrag) einen Teil seines Nettoentgeltes ab und überweist ihn an (zum Beispiel) die Bausparkasse des Mitarbeiters. Die Überweisung *hat* am gleichen Tag zu erfolgen, an dem auch der Auszahlungsbetrag an den Mitarbeiter überwiesen wird.

[10] Der Arbeitgeber schuldet dem Mitarbeiter den Auszahlungsbetrag. Üblicherweise wird dieser erst einmal als „Verbindlichkeiten Lohn und Gehalt“ gebucht. Die IHK unterstellt jedoch oft, dass der Betrag sofort zu Lasten der Hausbank des Arbeitgebers überwiesen wird.

Die Lohnabrechnung des Mitarbeiters Answar El Sadat zeigt folgende Werte:

Brutto-Lohn	2.500,00 €
VL-Zuschuss AG	40,00 €
Lohn-/Kirchensteuer/Soli	610,00 €
RV/KV/PV/AV	680,00 €
Nettobetrag	1.250,00 €
VL-Sparbetrag	50,00 €
Auszahlungsbetrag	1.200,00 €

Übernehmen wir diese Zahlen nun noch einmal von der vorherigen Seite und rufen uns die Fibu-Konten in Erinnerung:

Positionen/Summen der Lohnabrechnung		*Konto in der Buchhaltung*
Brutto-Lohn	2.500,00 €	6200 Aufwendungen Löhne
VL-Zuschuss AG	40,00 €	6200 Aufwendungen Löhne
Lohn-/KiSt/Soli	610,00 €	4830 Verb. geg. FB
RV/KV/PV/AV	680,00 €	2640 SV-VZ
Nettobetrag	1.250,00 €	
VL-Sparbetrag	50,00 €	4860 Verb. aus VB
Auszahlung	1.200,00 €	2800 Bank

Für das Verbuchen der Lohnabrechnung benötigen wir also fünf Sachkonten. Die Kammer verlangt, dass Sie in der Lage sind, diese Abrechnungen in einem zusammengesetzten Buchungssatz zu buchen.

Nun halten wir noch einmal auseinander, auf welcher „Seite" (*im Soll oder im Haben*) die einzelnen Konten bebucht werden müssen:

Konto in der Finanzbuchhaltung	Buchung im…	Betrag
Aufwendungen Löhne	Soll	2.540,00 €
Verb. geg. FB	Haben	610,00 €
SV-Vorauszahlung	Haben	680,00 €
Verb. aus VB	Haben	50,00 €
Bank	Haben	1.200,00 €

Unser Buchungssatz muss somit lauten:

Soll		*Buchungssatz*				*Haben*
6200	Löhne	2.540,00 €	*an*	4830	Verbindlk. Finanzb.	610,00 €
				2640	SV-Vorauszahlung	680,00 €
				4860	Verbindlk. Vermögensb.	50,00 €
				2800	Sparkasse Lippstadt	1.200,00 €

Unterstellen wir einmal, dass der Arbeitgeberanteil zur SV 660,00 beträgt, so müssen wir den wie folgt buchen.

Soll		*Buchungssatz*				*Haben*
6400	Aufwendungen SozV	660,00 €	*an*	2640	SV-Vorauszahlung	660,00 €

Nun noch ein paar erklärende Worte zum Konto „SV-Vorauszahlung". Wenn Sie sich mit der Entgeltabrechnung beschäftigt haben, ist Ihnen bekannt, dass der Arbeitgeber bis zum 5.letzten Bankarbeitstag eines jeden Monats ermittelt haben muss, in welcher Höhe Beiträge zur Sozialversicherung erwartet werden. Das kann – besonders bei Lohnempfängern – nur auf dem Wege der Schätzung erfolgen.

Die so ermittelten Beiträge zur Sozialversicherung werden in einem Beitragsnachweis an die zuständigen Krankenkassen (die des Mitarbeiters) gemeldet. Und da es sich um eine Schätzung handelt, spricht man von den „Geschätzten Beitragsnachweisen".

Am 3.letzten Bankarbeitstag muss den Krankenkassen dann der geschätzte Beitrag „zur Verfügung stehen". Haben wir den einzelnen Krankenkassen eine Einzugsermächtigung erteilt, so wird unser Geschäftskonto exakt an diesem Tag mit den gemeldeten Beiträgen zur Sozialversicherung belastet.

Unterstellen wir, dass wir uns *ver*schätzt und der Krankenkasse 1.200,00 € gemeldet haben.

So sieht das Konto aus, wenn uns die Krankenkasse des Mitarbeiters mit den geschätzten SV-Beiträgen belastet:

Soll	2640 SV-Vorauszahlung		Haben
Bank	*1.200,00 €*		

Nun buchen wir die auf der vorherigen Seite ermittelten Beiträge des *Arbeitnehmers*.

Soll	2640 SV-Vorauszahlung		Haben
Bank	1.200,00 €	*AN-Anteil*	*680,00 €*

Und nun die Beiträge des *Arbeitgebers zur Sozialversicherung*. Diese werden Ihnen von der Lohnbuchhaltung mitgeteilt.

Soll	2640 SV-Vorauszahlung		Haben
Bank	1.200,00 €	AN-Anteil	680,00 €
		AG-Anteil	*660,00 €*

Im Soll steht der *geschätzte Beitrag* und im Haben der *endgültige*, der *tatsächliche Beitrag*.

Zwischen der Soll- und der Habenseite ist somit ein Saldo von 140,00 € entstanden. Dieser Betrag wird mit der aktuellen Schätzung des kommenden Monats an die Krankenkasse gezahlt. Er bleibt bis dahin genauso bestehen.

Jahresabschluss

Nachdem wir uns in den bisherigen Kapiteln mit dem Buchen der einzelnen Geschäftsfälle beschäftigt haben, ist es nun an der Zeit, den Jahresabschluss vorzubereiten.

Sie erinnern sich noch an den Umfang, den ein Jahresabschluss – abhängig von der Betriebsgröße und der Unternehmensform – hat:

- Gewinn- und Verlustrechnung
- Bilanz
- Anhang
- Lagebericht

Der fachkundige Leser der dann später erstellten Bilanz und der Gewinn- und Verlustrechnung soll sich einen Überblick über die Entwicklung der Geschäfte machen können. Er unterstellt zu Recht, dass alle Aufwendungen und Erträge, die in der laufenden Buchführung berücksichtigt wurden, auch in das nun abzuschließende Geschäftsjahr gehören. Denn nur diese dürfen auch dort erfasst sein. Man spricht dabei von der periodengerechten Erfassung der Geschäftsvorfälle.

Im laufenden Geschäftsjahr ist es oft so, dass der buchende Mitarbeiter nicht über das nötige Wissen verfügt. Das *Wissen*, dass ihm oder ihr sagen würde, das (Beispiel) der Beitrag zur Kfz-Versicherung, der unserem

Geschäftskonto belastet wurde, eben *nicht* komplett dem aktuellen Geschäftsjahr zuzuordnen ist. Ein Teil des Beitrages kann – und das ist recht häufig der Fall – auch in das folgende Geschäftsjahr gehören.

Um diese periodengerechte Zuordnung soll es auf den folgenden Seiten gehen. Eine wichtige Vorarbeit, die Sie dem Berater gut und gerne abnehmen können.

Abgrenzungsarbeiten

Wie schon auf der vorherigen Seite gesagt, müssen die Aufwendungen und Erträge periodengerecht gebucht sein. Ist dies vor dem 31. Dezember des Geschäftsjahres noch nicht geschehen, so müssen Sie beurteilen können, wie weiter vorzugehen ist.

Es ist relativ leicht, die richtigen Arbeitsschritte zu tun. Mit ein wenig Nachdenken finden Sie schnell und zuverlässig den rechten Weg! Los geht's!

Maximal zwei Fragen sind es, die Sie sich bei der Beurteilung der Geschäftsvorfälle stellen müssen:

1. Ist uns im alten (abzuschließenden) Jahr Geld zugeflossen oder haben wir im alten Jahr Geld bezahlt?

2. Ist uns der geschuldete oder der geforderte Betrag cent-genau bekannt?

Aktive Rechnungsabgrenzung

Beispiel: Bescheid über € 720,00 an Kfz-Steuern vom 01.10.2015.

Der in der Rechnung angegebene Beitragszeitraum ist 01.10.2015 bis 30.09.2016. Ein Zeitraum also von 12 Monaten.

Berechnung: 720,00 / 12 Monate = € 60,00 Beitrag pro Monat.

*Beitrag 2015: 3 Monate (Okt. bis Dez.) * € 60,00 = € 180,00*

*Beitrag 2016: 9 Monate (Jan. bis Sep.) * € 60,00 = € 540,00*

Frage: *Ist Ihrem Unternehmen im alten Jahr Geld zugeflossen oder hat es im alten Jahr Geld gezahlt?*

Antwort: Ja! Wir haben die Kfz-Steuern in 2015 komplett bezahlt!

Lösung: Der Teil der Kfz-Steuern, der nicht in das Jahr 2015 gehört, muss abgegrenzt werden. „Abgrenzen" heißt in diesem Fall, dass wir ihn in der Finanzbuchhaltung des Jahres 2015 neutralisieren müssen.

Entweder tun wir dies mit Hilfe der Aktiven Rechnungsabgrenzung oder mit der Passiven Rechnungsabgrenzung. Doch welche müssen wir wählen?

Führen Sie sich das obige Beispiel vor Augen. Wir haben an das Finanzamt eine Zahlung geleistet, die zeitlich über den 31.12.2015 hinausgeht. Exakt bis zum 30.09.2016. Zum Bilanzstichtag fordern wir vom Versicherer also eine Gegenleistung für die bezahlten € 540,00. Weiter geht's…

Also besteht dem Versicherer gegenüber eine Forderung. Forderung = Aktivkonto. Ergo: Aktive Rechnungsabgrenzung!

Buchungen:

01.10.2015 Bei der Belastung unserer Geschäftskontos buchen wir…

Soll			*Buchungssatz*			*Haben*
7030	Kfz-Steuer	720,00 €	*an*	2800	Sparkasse Lippstadt	720,00 €

31.12.2015 Zum Bilanzstichtag grenzen wir den Betrag ab, der das Ergebnis des Geschäftsjahres 2015 *nicht* beeinflussen darf. Das sind € 540,00. Der dem Konto belastete Betrag (€ 720,00) steht im Soll des Kontos *„Kfz-Versicherung"*. Wir müssen den Saldo um den abzugrenzenden Betrag reduzieren. Und so wird das gebucht…

Soll			*Buchungssatz*			*Haben*
2900	Aktive Rechnungsabgr.	540,00 €	*an*	7030	Kfz-Steuer	540,00 €

In Folge dessen fließen die noch verbliebenen € 180,00 in die Gewinn- und Verlustrechnung ein. Die abgegrenzten € 540,00 gehen als Saldo des Bestandskontos *„Aktive Rechnungsabgrenzung“* in die Bilanz ein.

01.01.2015 Wir finden den *„Aktiven Rechnungsabgrenzungsposten“* in der Eröffnungsbilanz wieder. Üblicherweise wird so verfahren, dass der abgegrenzte Posten zu Beginn des neuen Wirtschaftsjahres auf das entsprechende Aufwandskonto umgebucht wird:

Soll		*Buchungssatz*				*Haben*
7030	Kfz-Steuer	540,00 €	*an*	2900	Aktive Rechnungsabgr.	540,00 €

Passive Rechnungsabgrenzung

Beispiel: *Unser Mieter überweist am 5. Dezember 2015 Miete in Höhe von € 1.200,- für den Zeitraum 12/2015 bis 2/2016.*

Der bezahlte Mietzeitraum ist somit der 01.12.2015 bis 28.02.2016. Ein Zeitraum also von 3 Monaten.

Vorgehensweise: 1.200,00 / 3 Monate = € 400,00 Miete pro Monat.

Miete 2015: *1 Monat (Dezember) * € 400,00 = € 400,00*

Miete 2016: *2 Monate (Januar bis Februar) * € 400,00 = € 800,00*

Frage: *Ist Ihrem Unternehmen im alten Jahr Geld zugeflossen oder hat es im alten Jahr Geld gezahlt?*

Antwort: Ja! Von unserem Mieter ist uns Geld zugeflossen!

Lösung: Der Teil der Miete, der nicht in das Jahr 2015 gehört, muss abgegrenzt wird.

Führen Sie sich auch das aktuelle Beispiel vor Augen. Wir haben vom Mieter eine Zahlung erhalten, die zeitlich über den 31.12.2015 hinausgeht. Exakt bis zum 29.02.2016. Zum Bilanzstichtag schulden wir dem Mieter also eine Gegenleistung für die bezahlten € 800,00. Weiter geht's…

Also besteht dem Mieter gegenüber eine Schuld. Schulden = Passivkonto. Ergo: Passive Rechnungsabgrenzung!

Buchungen:

05.12.2015 Beim Zufluss auf unser Geschäftskonto buchen wir…

Soll			*Buchungssatz*			*Haben*
2800	Sparkasse Lippstadt	1.200,00 €	*an*	5400	Mieterträge	1.200,00 €

31.12.2015 Zum Bilanzstichtag grenzen wir den Betrag ab, der das Ergebnis des Geschäftsjahres 2015 nicht beeinflussen darf. Das sind € 800,00. Der dem Konto gutgeschriebene Betrag (€ 1.200,00) steht im Haben des Kontos *„Mieterträge"*. Wir müssen den Saldo um den abzugrenzenden Betrag reduzieren. Und so wird das gebucht…

Soll		*Buchungssatz*				*Haben*
5400	Mieterträge	800,00 €	*an*	4900	Passive Rechnungsabgr.	800,00 €

In Folge dessen fließen die noch verbliebenen € 400,00 in die Gewinn- und Verlustrechnung ein. Die abgegrenzten € 800,00 gehen als Saldo des Bestandskontos *„Passive Rechnungsabgrenzung"* in die Bilanz ein.

01.01.2016 Wir finden den *„Passive Rechnungs-abgrenzungsposten"* in der Eröffnungsbilanz wieder. Üblicherweise wird so verfahren, dass der abgegrenzte Posten zu Beginn des neuen Wirtschaftsjahres auf das entsprechende Ertragskonto umgebucht wird:

Soll		*Buchungssatz*				*Haben*
4900	Passive Rechnungsabgr.	800,00 €	*an*	5400	Mieterträge	800,00 €

Nicht immer ist es so, dass diejenigen, von denen wir Geld fordern, es uns auch noch im alten, dem abzuschließenden Jahr bezahlen. Und genauso kommt es auch regelmäßig vor, dass wir unsere Schulden nicht noch im alten Jahr begleichen können oder wollen.

Im Folgenden geht es also um solche Fälle, in denen wir unsere Standart-Frage *„Ist Ihrem Unternehmen im alten Jahr Geld zugeflossen oder hat es im alten Jahr Geld gezahlt?"* nicht bejahen können.

Beispiel: *Beitragsrechnung der Berufsgenossenschaft für das Jahr 2015 über € 10.200,00 vom 30.12.2015. Die Rechnung ist am 10.02.2016 fällig und wird von uns pünktlich bezahlt.*

Frage 1: *Ist Ihrem Unternehmen im alten Jahr Geld zugeflossen oder hat es im alten Jahr Geld gezahlt?*

Nein!

Frage 2: *Ist uns der geforderte, bzw. der geschuldete Betrag cent-genau bekannt?*

Antwort: Ja! Die Rechnung lautet auf € 10.200,00!

Lösung: Die Beiträge zur Berufsgenossenschaft gehören in das Jahr 2015 und müssen abgegrenzt werden. „Abgrenzen" heißt in diesem Fall, dass wir ihn in der

Finanzbuchhaltung des Jahres 2015 gewinnmindernd erfassen müssen.

Wir tun dies mit Hilfe der Sonstigen Verbindlichkeit. Ganz bewusst wird diese Verbindlichkeit nicht als solche aus „Lieferung und Leistungen“ gebucht. Die BG hat *weder* geliefert *noch* geleistet.

31.12.2015 Zum Bilanzstichtag grenzen wir den Betrag ab, der das Ergebnis des Geschäftsjahres 2015 beeinflussen muss. Das sind € 10.200,00. Wir buchen…

Soll			*Buchungssatz*			*Haben*
5400	Soziale Aufwendungen	10.200,00 €	*an*	4890	Sonstige Verbindlichkeiten	10.200,00 €

In Folge dessen fließen die in 2015 gebuchten € 10.200,00 in die Gewinn- und Verlustrechnung ein. Der gleiche Betrag fließt als Saldo des Bestandskontos „Sonstige Verbindlichkeiten“ in die Bilanz ein.

01.01.2016 Wir finden die „Sonstige Verbindlichkeit“ in der Eröffnungsbilanz wieder.

Nun kann es ja auch noch dazu kommen, dass wir von jemandem (der nicht unser Kunde ist) Geld fordern. Wie buchen wir dann dies?

Beispiel: *Rückforderung an Körperschaftsteuer gegenüber dem Finanzamt für das Jahr 2015 über € 8.400,00 aufgrund des Bescheides vom 29.12.2015. Die Erstattung erfolgt am 04.01.2016 zu Gunsten unseres Bankkontos.*

Frage 1: *Ist Ihrem Unternehmen im alten Jahr Geld zugeflossen oder hat es im alten Jahr Geld gezahlt?*

Nein!

Frage 2: *Ist uns der geforderte, bzw. der geschuldete Betrag cent-genau bekannt?*

Antwort: Ja! Der Bescheid lautet über € 8.400,00!

Lösung: Die überzahlte Körperschaftsteuer gehört in das Jahr 2015 und muss abgegrenzt werden. „Abgrenzen" heißt in diesem Fall, dass wir sie in der Finanzbuchhaltung des Jahres 2015 gewinnerhöhend erfassen müssen.

Wir tun dies mit Hilfe der Sonstigen Forderungen. Ganz bewusst wird diese Forderung nicht als solche aus „Lieferung und Leistungen" gebucht. Das Finanzamt hat *weder* geliefert *noch* geleistet.

31.12.2015 Zum Bilanzstichtag grenzen wir den Betrag ab, der das Ergebnis des Geschäftsjahres 2015 beeinflussen muss. Das sind € 8.400,00. Wir buchen…

Soll			*Buchungssatz*			*Haben*
2690	Übrige sonstige Ford.	5.400,00 €	*an*	7710	Körperschaftsteuer	5.400,00 €

In Folge dessen fließen die in 2015 gebuchten € 8.400,00 in die Gewinn- und Verlustrechnung ein. Der gleiche Betrag fließt als Saldo des Bestandskontos *„Sonstige Forderungen"* in die Bilanz ein.

01.01.2016 Wir finden die *„Sonstige Forderungen"* in der Eröffnungsbilanz wieder.

Rückstellungen

So, mal angenommen, es tritt der Fall ein, dass im abzuschließenden Jahr kein Geld geflossen ist und das ebenso wenig bekannt ist, wie hoch der geschuldete Betrag ist.
Ihrem Unternehmen ist – und so heißt es in der IHK-Sprache – dem Grunde nach bekannt, dass jemandem ein Betrag geschuldet wird, nur ist die exakte Höhe und seine Fälligkeit nicht bekannt.

Auswirkungen auf das betriebliche Ergebnis und das Verbuchen von Rückstellungen

Wenn wir erwarten, dass jemand Forderungen an uns stellen wird und liegt der Grund dafür im alten, dem abzuschließenden Jahr, so verlangt der Gesetzgeber, dass diese zu erwartende Aufwand auch im alten Jahr gewinnmindernd gebucht wird! Nur so kann erreicht werden, dass das ausgewiesene Ergebnis (Gewinn oder Verlust) „echt" und ungeschönt ist.

Sie erinnern sich an die *Grundsätze Ordnungsgemäßer Buchführung (GOB)*? Darin heißt es doch, dass wir keine Buchung ohne Beleg vornehmen dürfen. Wie sollen wir aber Aufwendungen verbuchen, wenn uns zum Beispiel noch *kein* entsprechender Beleg (Rechnung, Steuerbescheid etc.) vorliegt? Wir erstellen einfach einen so genannten Eigenbeleg, eine Buchungsanweisung. Zu abstrakt? Dann folgt jetzt ein Beispiel:

Steuerberater M. Heine wird beauftragt, den Jahresabschluss für unser Unternehmen zu erstellen. Herr Heine wird uns aber erst im April des Folgejahres eine Rechnung stellen, denn dann hat er auch erst seine Abschlussarbeiten erledigt. Herr Heine prognostiziert Aufwendungen in Höhe von € 5.000,00 zzgl. 19% USt.

Beachten Sie bitte unbedingt, dass die zu erwartende Umsatzsteuer *(Vorsteuer 19% 950,00 €)* nicht gebucht werden darf!

Soll			Buchungssatz			Haben
6770	Aufw. Jahresabschluss	5.000,00 €	an	3990	Rückstellungen Jahresab.	5.000,00 €

Soll	3990 Rückstellungen JA	Haben
		5.000,00 €

Variante A:

Unterstellen wir nun, dass der Steuerberater Heine, nachdem er alle Arbeiten erledigt hat, am 15. April 2016 seine Rechnung stellt. Diese lautet – wie erwartet – über € 5.950,00 brutto.

Wurde in einem Jahr eine Rückstellung gebildet, die (im Beispielfall) mit dem Eintreffen der Rechnung entbehrlich ist, so ist sie komplett „zu verbrauchen". Anders ausgedrückt, wird die gebildete Rückstellung für den Zweck (die Beraterrechnung) verbraucht. Entfällt also der Grund, die Rückstellung bestehen zu lassen, müssen wir wie folgt buchen:

Soll			Buchungssatz		Haben
3990	Rückstellungen Jahreab.	5.000,00 €	an	4400X Kreditor Heine	5.950,00 €
2600	Vorsteuer 19%	950,00 €			

Sie sehen, nun – nach dem Eintreffen der Rechnung – dürfen wir erst die Vorsteuer geltend machen!

Soll	3990 Rückstellungen JA	Haben
	5.000,00 €	5.000,00 €

Soll	2600 Vorsteuer 19%	Haben
	950,00 €	

Soll	4400X Kreditor Heine	Haben
		5.950,00 €

Als Folge dieser Buchung lautet der Saldo des Rückstellungskontos auf „Null".

Wichtig, dass Sie bei Eintreffen der Rechnung nicht noch ein weiteres Mal Aufwand buchen! Das haben Sie schon im alten Jahr getan.

Variante B:

Unterstellen wir, dass Heine, nachdem er alle Arbeiten erledigt hat, am 15. April 2016 seine Rechnung stellt. Diese lautet – anders als erwartet – auf € 7.140,00 brutto.

Jedoch ist der tatsächliche Aufwand (€ 6.000,00 netto) größer als erwartet. Wir können nun keine Änderungen mehr im alten Jahr vornehmen. Somit müssen die € 1.000,00 netto im Jahr 2016 gewinnmindernd gebucht werden. Aber, es hat dies auf einem ganz besonderen Konto zu erfolgen:

„Periodenfremd“ deshalb, weil die Ursache für das Entstehen des Aufwandes in einer anderen (fremden) Periode (Jahr 2015) lag.

Soll		*Buchungssatz*				*Haben*
3990	Rückstellungen Jahreab.	5.000,00 €	*an*	4400X	Kreditor Heine	7.140,00 €
6990	Periodenfremder Aufw.	1.000,00 €				
2600	Vorsteuer 19%	1.140,00 €				

Variante C:

Eine andere und letztmögliche Variante ist die, dass Heine, nachdem er alle Arbeiten erledigt hat, am 15. April 2016 seine Rechnung stellt und € 4.760,00 brutto verlangt.

Der tatsächliche Aufwand (€ 4.000,00 netto) ist also kleiner als erwartet. Auch hier können Sie keine Änderungen mehr im alten Jahr vornehmen. Somit müssen Sie die € 1.000,00 netto im Jahr 2016 gewinnerhöhend buchen. Aber, auch dies hat auf einem ganz besonderen Konto zu erfolgen:

Soll		*Buchungssatz*				*Haben*
3990	Rückstellungen Jahreab.	5.000,00 €	*an*	4400X	Kreditor Heine	4.760,00 €
2600	Vorsteuer 19%	760,00 €		5480	Erträge aus der Auflösung von Rückstellungen	1.000,00 €

Ja, so heißt das Erlöskonto wirklich. Und auch die IHK verwendet es in ihren Prüfungsaufgaben.

Soll	3990 Rückstellungen JA	Haben
	5.000,00 €	5.000,00 €

Soll	2600 Vorsteuer 19%	Haben
	760,00 €	

Soll	4400X Kreditor Heine	Haben
		4.760,00 €

Soll	5480 Erträge Auflösung RST	Haben
		1.000,00 €

Achten Sie beim Buchen von Eingangsrechnungen im Zusammenhang mit Rückstellungen immer darauf, dass die Summe der Soll- und Habenbuchungen Ihres Buchungssatzes immer identisch sein muss. Falls diese abweichen, ist Ihre Lösung falsch!

Gewinn- und Verlustrechnung

Zum Ende eines Geschäftsjahres muss das Ergebnis der Unternehmung ermittelt werden. Mit Hilfe der daraus gewonnenen Zahlen kann der Unternehmer seine Steuererklärungen erstellen und diese an das Finanzamt übermitteln.

Damit die Ergebnisermittlung erfolgen kann, müssen wir die Salden aller *Erfolgskonten* auf das hierfür vorgesehene *Gewinn- und Verlust-konto (GuV) 8020 (→ IKR Seite 265)* umbuchen.

Zuerst einmal müssen wir hierfür die Salden eines jeden Erfolgskontos (Aufwands-, Ertrags- und Erlöskonten) rechnerisch ermitteln. Nehmen wir der Übersicht halber vier solcher Konten. Auch bei dieser recht geringen Zahl lässt sich die Vorgehensweise gut erklären:

Erlöskonto

Soll	**5000 Erlöse eigene Erzeugnisse**		*Haben*
		Jahreswerte	524.366,00 €

Aufwandskonto

Soll	**6000 Aufwendungen Rohstoffe**		*Haben*
Jahreswerte	115.376,00 €		

Soll	Aufwandskonto **6200 Aufwendungen Löhne**		Haben
Jahreswerte	99.425,00 €		

Soll	Aufwandskonto **6400 Sozialversicherungsbeiträge**		Haben
Jahreswerte	19.885,00 €		

Um die Erfolgskonten ordentlich abzuschließen, ermitteln Sie jeweils die Kontenseite mit dem höheren Saldo. In unserem Beispiel ist das recht einfach.

Im nächsten Schritt wird der Saldo eines jeden Kontos auf das GuV-Konto umgebucht.

Soll		*Buchungssatz*				*Haben*
5000	Erlöse eigene Erzgn.	524.366,00 €	*an*	8020	GuV-Konto	524.366,00 €

Soll		*Buchungssatz*				*Haben*
8020	GuV-Konto	115.376,00 €	*an*	6000	Aufwendungen RST	115.376,00 €

Soll		*Buchungssatz*				*Haben*
8020	GuV-Konto	99.425,00 €	*an*	6200	Aufwendungen Löhne	99.425,00 €

Soll		Buchungssatz				*Haben*
8020	GuV-Konto	19.885,00 €	*an*	6400	Sozialversicherungsb.	19.885,00 €

Nach dem Ausführen dieser vier Abschlussbuchungen sind die Konten saldiert. Das bedeutet, dass die Soll- und die Habenseiten jeweils die gleiche Summe ausweisen.

Soll	**5000 Erlöse eigene Erzeugnisse**		*Haben*
GuV-Konto	524.366,00 €	Jahreswerte	524.366,00 €
	524.366,00 €		524.366,00 €

Soll	**6000 Aufwendungen Rohstoffe**		*Haben*
Jahreswerte	115.376,00 €	GuV-Konto	115.376,00 €
	115.376,00 €		115.376,00 €

Soll	**6200 Aufwendungen Löhne**		*Haben*
Jahreswerte	99.425,00 €	GuV-Konto	99.425,00 €
	99.425,00 €		99.425,00 €

Soll	**6400 Sozialversicherungsbeiträge**		*Haben*
Jahreswerte	19.885,00 €	GuV-Konto	19.885,00 €
	19.885,00 €		19.885,00 €

Zusätzlich hat das GuV-Konto alle Salden aufgenommen. Um eine einfache Logikprüfung vorzunehmen, müssen Sie im GuV alle

Aufwendungen auf der Soll- und alle Erlöse und Erträge auf der Habenseite wiederfinden.

Soll	**8020 Gewinn- und Verlustkonto**		*Haben*
6000 Aufw. RST	115.376,00 €	5000 Erlöse e.E.	524.366,00 €
6200 Aufw. Löhne	99.425,00 €		
6400 Sozvers.b.	19.885,00 €		

Ist das nicht der Fall, so haben Sie eine oder mehrere Buchungen falsch durchgeführt.

Der letzte Schritt beim Abschließen der Erfolgskonten (und dazu zählt man auch das Gewinn- und Verlustkonto) ist die Ermittlung und Umbuchung des Ergebnisses. Der Begriff „Ergebnis“ gilt sowohl für einen Verlust als auch für einen Gewinn.

In unserem Beispiel überwiegen die Erlöse mit € 524.366,00 die Aufwendungen € 234.686,00 (€ 115.376,00 + € 99.425,00 + € 19.885,00). Bei der Differenz von € 289.680,00 handelt es sich somit um einen Gewinn.

Auf der Seite 28 dieses Buches haben Sie gelernt, welche Werte Einfluss auf die Höhe des Eigenkapitals haben. Zum einen sind es die Privatentnahmen und Privateinlagen, zum anderen ist es das Ergebnis der Unternehmung. Daraus können Sie folgern, dass das Ergebnis zu Gunsten oder zu Lasten des Eigenkapitalkontos gebucht wird.

Soll		*Buchungssatz*				*Haben*
8020	GuV-Konto	289.680,00 €	*an*	3000	Eigenkapital	289.680,00 €

Soll	**8020 Gewinn- und Verlustkonto**		*Haben*
6000 Aufw. RST	115.376,00 €	5000 Erlöse e.E.	524.366,00 €
6200 Aufw. Löhne	99.425,00 €		
6400 Sozvers.b.	19.885,00 €		
3000 Eigenkapital	289.680,00 €		
	524.366,00 €		524.366,00 €

Soll	**3000 Eigenkapital**		*Haben*
		8020	289.680,00 €

Der Saldo des Eigenkapitals wird dann final in das SBK umgebucht.

Bilanzkennziffern

Neben der Erfassung aller Geschäftsvorfälle entsprechend der GoB und anderer gesetzlicher Vorgaben bieten die Bilanz und die Gewinn- und Verlustrechnung die Möglichkeit, Kennziffern zu ermitteln, die uns eine Aussage über die Wirtschaftlichkeit und die Solidität der Finanzierung unseres Unternehmens ermöglichen. Diese Aussagen und Einschätzungen treffen wir mit Hilfe der *Bilanzkennziffern.*

Als Basis für einen Teil der Kennziffern nehmen wir folgende Musterbilanz der *"Fantastic Furniture OHG":*

Fantastic Furniture OHG, Lippstadt
31.12.2015
BILANZ

Aktiva			*Passiva*
Grundstücke	123.000,00 €	Eigenkapital	600.210,00 €
Gebäude I.	401.000,00 €		
Gebäude II.	519.000,00 €	*FK langfristig*	
Fuhrpark	118.000,00 €	Hypothekendarl.	895.000,00 €
BGA	99.200,00 €	Darlehen	72.000,00 €
Rohstoffe	82.500,00 €	*FK kurzfristig*	
Hilfsstoffe	7.510,00 €	Steuerschulden	51.600,00 €
Betriebsstoffe	2.800,00 €	SV-Schulden	29.800,00 €
Forderung LuL	271.800,00 €	Verbindl. LuL	327.500,00 €
Kasse	1.350,00 €		
Bank	298.600,00 €		
Postbank	51.350,00 €		
	1.976.110,00 €		1.976.110,00 €

Eigenkapital per 01.01.2015 *421.900,00 €*
Umsatz im Geschäftsjahr 2015 *2.789.000,00 €*

Beachten Sie bei Aufgabenstellungen immer auch den Bereich außerhalb der Bilanz-Abbildung. Oftmals verstecken sich dort Werte, die zur Berechnung von Kennziffern benötigen. In unserem Beispiel sind es der *Stand des Eigenkapitals zum 01.01.2015* und die *Umsatzerlöse des Jahres 2015*.

Wie in der Kosten- und Leistungsrechnung sind viele Begriffe im Rahmen der *Kennziffernberechnung* selbsterklärend. Aber, fangen wir doch einfach an:

Eigenkapitalrentabilität

Mit diesen Kennziffern sollen wir darstellen, wie *rentabel* das *Eigenkapital* eingesetzt wurde. Anders ausgedrückt, mit wieviel Prozent wurde das *Eigenkapital verzinst*, das wir zu *Beginn des Geschäftsjahres* im Unternehmen belassen haben?

Wir benötigen zur Berechnung also zwei Werte: Den Gewinn des Berichtsjahres und das Eigenkapital zum 1. Januar 2015. *Nicht* das Eigenkapital, dass Sie der Bilanz entnehmen können, denn das ist der Bestand per 31.12.2015!

Den Gewinn errechnen wir, indem Sie vom EK per 31.12.15 das EK per 01.01.15 abziehen:

€ 600.210,00 - € 421.900,00 = € 178.310,00.

Das ist gleichzeitig der Wert der *Verzinsung unseres Eigenkapitals per 01.01.2015*. Nun folgt noch ein Dreisatz:

Eigenkapital € 421.900,00 = 100%

Gewinn € 178.310,00 = x %

€ 178.310,00 x 100 / € 421.900,00 = 42,26356...%

Die Verzinsung des per 01.01.2015 im Betrieb befindlichen Eigenkapitals betrug somit 42,26%.

Aus einigen Bilanzkennziffern können Sie als Außenstehender nicht ableiten, ob der Wert nun *gut* oder ob er *schlecht* ist. Dazu fehlt Ihnen das Wissen. Dass die soeben errechnete *Eigenkapitalrentabilität* von über 42% top ist, steht außer Frage. Bei keiner Bank auf dieser Welt würden Sie eine solch hohe Verzinsung erhalten!

Fremdkapitalquote

	Passiva
Eigenkapital	600.210,00 €
FK langfristig	
Hypothekendarl.	895.000,00 €
Darlehen	72.000,00 €
FK kurzfristig	
Steuerschulden	51.600,00 €
SV-Schulden	29.800,00 €
Verbindl. LuL	327.500,00 €
	1.976.110,00 €

Mit dieser Kennziffer stellen wir fest, welchen *prozentualen Anteil (Quote)* das *Fremdkapital* gemessen am *Gesamtkapital (Bilanzsumme)* hat. Für diese Berechnung benötigen wir nur die Werte der *Passivseite* der Bilanz. Das *Gesamtkapital* entspricht mit € 1.976.110,00 100%. Das Fremdkapital ergibt in der

Summe aus € 895.000,00 + € 72.000,00 + € 51.600,00 + € 29.800,00 + € 327.500,00 = € 1.375.900,00.

€ 1.976.110,00 = 100%

€ 1.375.900,00 = x %

€ 1.375.900 x 100 / € 1.976.110 = 69.62669…%

Der Anteil des Fremdkapitals am Gesamtkapital (*die Fremdkapitalquote*) betrug 69,63%.

Wir können „aus der Ferne“ nicht beurteilen, ob dieser Werte gut oder schlecht ist. Eine Aussage ist nur möglich, wenn wir unser Unternehmen im *Branchenvergleich* mit anderen sehen.

Eigenkapitalquote

Wir haben nun also errechnet, dass die *Fremdkapitalquote* 69,63 % beträgt. Das Fremdkapital macht also 69,63% des *Gesamtkapitals (Eigenkapital + Fremdkapital)* aus. Somit können wir leicht ausrechnen, die hoch denn die *Eigenkapitalquote* (der Anteil des EK am Gesamtkapital) ist.

100% - 69,63% [FK-Quote] = 30,37%

Anlagendeckung I.

Wieder ein griffiger Name einer Kennziffer. Diese soll aussagen, wie solide unser Anlagevermögen finanziert wurde. Das Optimum wäre eine 100%ige Finanzierung durch Eigenkapital. Man hätte somit aus den vorhandenen Mitteln den Kauf der Anlagegüter bestreiten können.

Fantastic Furniture OHG, Lippstadt
31.12.2015

Aktiva		**BILANZ**		*Passiva*
Grundstücke	123.000,00 €		Eigenkapital	600.210,00 €
Gebäude I.	401.000,00 €			
Gebäude II.	519.000,00 €		*FK langfristig*	
Fuhrpark	118.000,00 €		Hypothekendarl.	895.000,00 €
BGA	99.200,00 €		Darlehen	72.000,00 €
Rohstoffe	82.500,00 €		*FK kurzfristig*	
Hilfsstoffe	7.510,00 €		Steuerschulden	51.600,00 €
Betriebsstoffe	2.800,00 €		SV-Schulden	29.800,00 €
Forderung LuL	271.800,00 €		Verbindl. LuL	327.500,00 €
Kasse	1.350,00 €			
Bank	298.600,00 €			
Postbank	51.350,00 €			
	1.976.110,00 €			1.976.110,00 €

Eigenkapital per 01.01.2015	*421.900,00 €*
Umsatz im Geschäftsjahr 2015	*2.789.000,00 €*

Ein recht selten vorkommendes Phänomen, dennoch schauen wir einmal nach, wie hoch der Prozentsatz in unserer Musterbilanz ist.

Die *Summe des Anlagevermögens* beträgt (€ 123.000 + € 401.000 + € 519.000 + € 118.000 + € 99.200) € 1.260.200,00. Diese Zahl entspricht 100%. Und eben diesem Euro-Betrag stellen wir das

Eigenkapital gegenüber und errechnen, wieviel Prozent des Anlagevermögens durch das Eigenkapital finanziert wurden.

€ 1.260.200,00 = 100%

€ 600.210,00 = x %

€ 600.210,00 x 100 / € 1.260.200,00 = 47,628154…%

Gerundet ergibt dies einen Wert von 47,63%. Und zu eben diesem Prozentsatz ist das Anlagevermögen durch das EK finanziert. Weit entfernt von 100%, dennoch nicht Schlaf raubend, weil es relativ selten vorkommt, dass ein Unternehmen so gut aufgestellt ist. Stellen Sie sich nur einmal vor, wie schwer eine 100%ige Finanzierung aus dem EK bei einer Großimmobilie zu realisieren ist! Da diese Immobilien langfristig finanziert wurden, unsere Liquidität aber wegen der langen Laufzeit des Hypothekendarlehens nur moderat belastet, gilt dieses *langfristige Fremdkapital* als *solide* finanziert.

Anlagendeckung II.

Diesem Sachverhalt, bzw. dieser Einschätzung verdanken wir die Kennziffer *„Anlagendeckung II.“*. Bei der Berechnung nehmen wir erneut die Summe des Anlagevermögens (€ 1.260.200,00) und stellen diesen sowohl das *Eigenkapital* (€ 600.210,00) *als auch das langfristige Fremdkapital* (€ 967.000,00) gegenüber:

€ 1.260.200,00 = 100%

€ 1.567.210,00 = x %

€ 1.567.210,00 x 100 / € 1.260.200,00 = 124,362006…%

Gerundet sind das dann 124,36%. Wir können also die Aussage treffen, dass das gesamte Anlagevermögen durch Eigenkapital und langfristiges Fremdkapital gedeckt ist. Auch wenn es *nur die Anlagendeckung II.* ist, ist das Unternehmen solide finanziert.

Liquidität 1. Grades

Zur Berechnung dieser Bilanzkennziffer benötigen wir verschiedene Werte aus der Ihnen bereits bekannten Grafik. Doch bevor wir uns die Zahlen heraus schreiben, will ich Ihnen kurz den *Sinn* des Rechnens aufzeigen: Die *Liquidität 1. Grades* sagt aus, welcher Anteil (Prozentsatz) der *kurzfristigen Verbindlichkeiten* (Restlaufzeit von bis zu einem Jahr) wir mit Hilfe der *liquiden Mittel* hier und jetzt bezahlen könnten. Bei der *Liquidität 1. Grades ist mit „liquiden Mitteln“* die Summe des Vermögens aus *Kasse, Bank und Postbank* gemeint.

Berechnen wir diese Kennziffer, so setzen wir die *kurzfristigen Verbindlichkeiten* (Summe aus € 51.600,00 + € 29.800,00 + € 327.500,00 = € 408.900,00) mit 100% gleich. Die Summe der *liquiden Mittel* ergibt aus € 1.350,00 + € 298.600,00 + € 51.350,00 = € 351.300,00.

€ 408.900,00 = 100%

€ 351.300,00 = x %

€ 351.300,00 x 100 / € 408.900,00 = 85,913426...%

Diese Auswertung ergibt, dass wir *hier und jetzt* in der Lage wären, [gerundet] 85,91% unserer kurzfristigen Forderungen zu begleichen. Aber eben *nicht* 100%! Und aus diesem Grund machen wir weiter mit der

Liquidität 2. Grades

Richtig nachvollziehbar oder als realitätsnah kann man die *Liquidität 1. Grades* nicht bezeichnen. Denn, wenn es um den Ausgleich der *kurzfristigen Schulden* geht, so müssen wir denen doch auch unsere *Forderungen aus Lieferungen und Leistungen* gegenüber stellen. Und deshalb erhöht sich die Summe der *liquiden Mittel* um € 271.800,00 auf € 623.100,00.

€ 408.900,00 = 100%

€ 623.100,00 = x %

€ 623.100,00 x 100 / € 408.900,00 = 152,384446…%

So sind wir gerundet bei 152,38% und können die Aussage treffen, dass die *kurzfristigen Verbindlichkeiten* problemlos unter Zuhilfenahme der *liquiden Mittel* bezahlt werden können. Eine Zahl, mit der auch Ihr Banker zufrieden sein dürfte, da der Zufluss der *Forderungen aus Lieferungen und Leistungen* zu nahezu 100% als gesichert angesehen werden kann.

Umsatzrentabilität

Dieser – erneut – selbsterklärende Name einer Kennziffer sagt, dass nun die *Rentabilität des Umsatzes* zu berechnen ist. Wie *rentabel*, wie *wirtschaftlich* war unser Umsatz. Sprich: Welcher Gewinn steht dem Umsatz gegenüber? Um das zu berechnen, benötigen wir unbedingt die Information in der *Fußnote* der Bilanz. Dort steht geschrieben, dass der *Umsatz des Berichtsjahres* € 2.789.000,00 und der *Gewinn* € 178.310,00 betrug. Die Berechnung ist recht einfach:

€ 2.789.000,00 = 100%

€ 178.310,00 = x %

€ 178.310,00 * 100 / 2.789.000,00 = 6,7393330%

Im abgeschlossenen Geschäftsjahr konnten wir somit je € 100,00 Umsatz € 6,74 an Gewinn erzielen.

Ob die errechnete Kennziffer nun gut oder weniger gut ist, können wir nicht beurteilen. Dafür benötigen wir Vergleichszahlen aus der Branche. Und wenn Sie die einmal einsehen möchten, fragen Sie den für Sie zuständigen Firmenkundenberater Ihrer Hausbank. Der hat sie ganz bestimmt im Schreibtisch, da für ihn solche Branchenwerte als Handwerkszeug gelten.

Die Handelskalkulation

Zuerst einmal möchte ich Ihnen die Begriffe erläutern, mit denen Sie in der Kalkulation des Listen-Verkaufspreises konfrontiert werden.

Handelskalkulation

	Listen-Einkaufspreis	Diesen Preis weist der Lieferant in seiner Liste aus; für *Einmalkunden* z.B.
-	Lieferer-Rabatt	Dies ist der Rabatt, den der Lieferant z.B. bei *größeren Aufträgen* gewährt.
=	Ziel-Einkaufspreis	Der Betrag, den wir bei Zahlung *innerhalb des Zahlungsziels überweisen*.
-	Lieferer-Skonto	Diesen Abzug gewährt uns der Lieferant *bei frühzeitiger Zahlung*.
=	Bar-Einkaufspreis	Der Betrag, den wir bei *frühzeitiger Zahlung überweisen* müssen.
+	Bezugskosten	Hinzu kommen nun die *Kosten, die der Bezug verursacht* hat (Fracht, Zölle...)
=	Bezugspreis	Die Summe aus Bar-EK und Bezugskosten ergibt den Preis, den uns *der Bezug gekostet hat*.
+	Handlungskosten	Diese Kosten *entstehen durch das Handling* der eingekauften Waren.
=	Selbstkosten	Die *Summe aus Bezugspreis und Handling* sind die Selbstkosten.
+	Gewinnzuschlag	Gemäss der *Gewinnvorgaben* werden "x" Prozent auf die Selbstkosten geschlagen.
=	Bar-Verkaufspreis	Der Bar-VK ist der Preis, den wir *mindestens* von unseren Kunden bekommen müssen.
+	Kunden-Skonto	Diesen Nachlass gewähren wir unseren Kunden *vom Ziel-Verkaufspreis*.
=	Ziel-Verkaufspreis	*Bar-VK + gewährter Kunden-Skonto* sind gleich dem Ziel-VK.
+	Kunden-Rabatt	Diesen Rabatt gewähren wir unseren Kunden *vom Listen-Verkaufspreis*.
=	Listen-Verkaufspreis	Zu diesem Preis bieten wir den Artikel z. B. *Einmalkunden* an.

Nachdem Sie nun die einzelnen Begrifflichkeiten verinnerlicht haben, geht es darum, zu verstehen, auf welchen, bzw. von welchem der in der Liste genannten Beträge ein Prozentsatz auf- oder abzuschlagen ist.

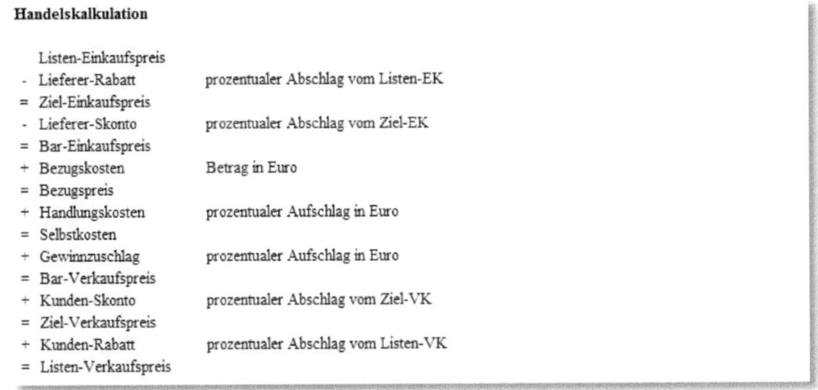

Handelskalkulation

	Position	Erläuterung
	Listen-Einkaufspreis	
-	Lieferer-Rabatt	prozentualer Abschlag vom Listen-EK
=	Ziel-Einkaufspreis	
-	Lieferer-Skonto	prozentualer Abschlag vom Ziel-EK
=	Bar-Einkaufspreis	
+	Bezugskosten	Betrag in Euro
=	Bezugspreis	
+	Handlungskosten	prozentualer Aufschlag in Euro
=	Selbstkosten	
+	Gewinnzuschlag	prozentualer Aufschlag in Euro
=	Bar-Verkaufspreis	
+	Kunden-Skonto	prozentualer Abschlag vom Ziel-VK
=	Ziel-Verkaufspreis	
+	Kunden-Rabatt	prozentualer Abschlag vom Listen-VK
=	Listen-Verkaufspreis	

Beginnen wollen wir unsere Beispielrechnung mit der Position *Listen-Einkaufspreis* bis hin zum *Bezugspreis.*

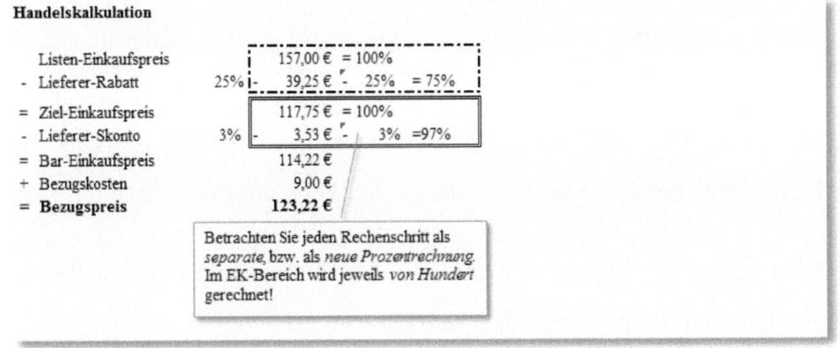

Handelskalkulation

	Position	Satz	Betrag	
	Listen-Einkaufspreis		157,00 €	= 100%
-	Lieferer-Rabatt	25%	- 39,25 €	- 25% = 75%
=	Ziel-Einkaufspreis		117,75 €	= 100%
-	Lieferer-Skonto	3%	- 3,53 €	- 3% =97%
=	Bar-Einkaufspreis		114,22 €	
+	Bezugskosten		9,00 €	
=	**Bezugspreis**		**123,22 €**	

Sie müssen dabei bitte jeden Rechenschritt (Listen-EK → Ziel-EK *und* Ziel-EK → Bar-EK) als eigenständige Prozentrechnung behandeln. Sie müssen Schritt für Schritt vorgehen und dabei das Zwischenergebnis wieder mit 100% gleichsetzen. *Vom Listen-EK* erhalten wir 25% Rabatt. Und *vom Ziel-EK* können wir bei rechtzeitiger Zahlung 3% Skonto abziehen.

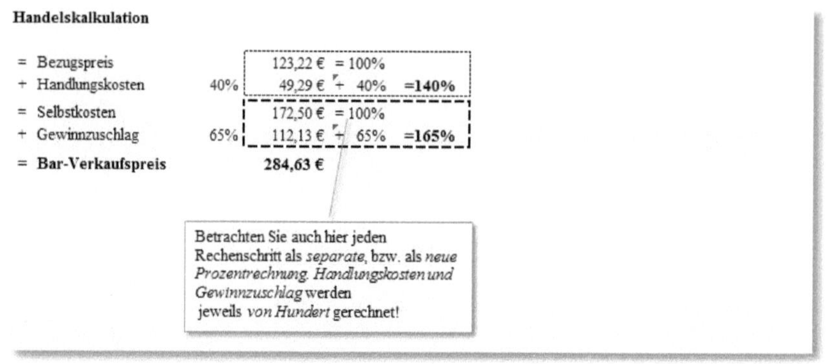

Auf den Bezugspreis müssen wir nun die Kosten aufschlagen, die *das Handling* verursacht. Zum Beispiel die Warenannahme, -einlagerung, die Buchhaltung und die Kosten des Vertriebs. Haben wir diese *separate Rechnung* erledigt, setzen wir das Ergebnis wiederum 100% gleich und berechnen davon den Gewinnzuschlag in Höhe von 65%. Der ermittelte Bar-Verkaufspreis entspricht dem Betrag, den die Geschäftsführung für den kalkulierten Artikel *mindestens* erhalten will.

Also ist das der Betrag, der *nach* der Gewährung von Kunden-Rabatt und Kunden-Skonti verbleiben *muss*!

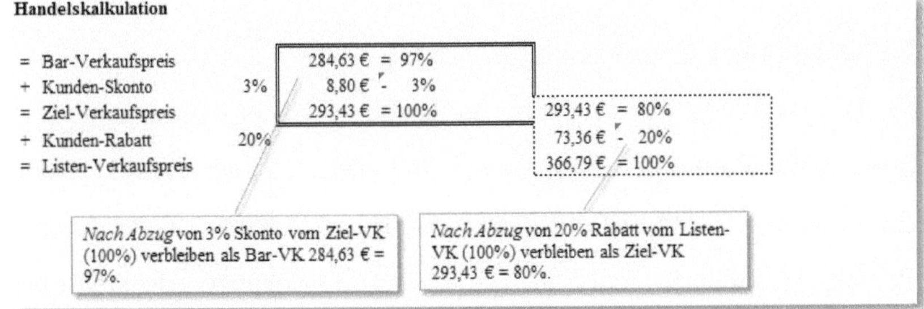

Wenn wir unseren Kunden zum Beispiel einen *Rabatt von maximal 20%* und einen *Skontoabzug* gewähren, verbleiben von dem ermittelten Listen-VK so viel Euro, wie es die Geschäftsführung laut Gewinnzuschlag-Vorgabe gewünscht hat.

Nun aber zu den einzelnen, oben dargestellten Rechenschritten. Der *Bar-Verkaufspreis* ist der Betrag, der *nach Abzug* von Skonto verbleiben soll. Der Kunde darf *vom Ziel-Verkaufspreis* 3% Skonto ziehen und überweist dann nur noch *97% des Ziel-VK* an uns.

Der Kunde erhält *vom Listen-VK* 20% Rabatt. Wenn er innerhalb des Zahlungsziel*80% des Listen-VK* = € 293,43 an uns überweisen. = € 293,43 an uns überweisen.

Gliederung der Bilanz nach § 266 HGB

(1) Die Bilanz ist in Kontoform aufzustellen. Dabei haben große und mittelgroße Kapitalgesellschaften (§ 267 Abs. 3, 2) auf der Aktivseite die in Absatz 2 und auf der Passivseite die in Absatz 3 bezeichneten Posten gesondert und in der vorgeschriebenen Reihenfolge auszuweisen. Kleine Kapitalgesellschaften (§ 267 Abs. 1) brauchen nur eine verkürzte Bilanz aufzustellen, in die nur die in den Absätzen 2 und 3 mit Buchstaben und römischen Zahlen bezeichneten Posten gesondert und in der vorgeschriebenen Reihenfolge aufgenommen werden.

(2) Aktivseite

A. Anlagevermögen:

I. Immaterielle Vermögensgegenstände:
1. Konzessionen, gewerbliche Schutzrechte und ähnliche Rechte und Werte sowie Lizenzen an solchen Rechten und Werten;
2. Geschäfts- oder Firmenwert;
3. geleistete Anzahlungen;

II. Sachanlagen:
1. Grundstücke, grundstücksgleiche Rechte und Bauten einschließlich der Bauten auf fremden Grundstücken;
2. technische Anlagen und Maschinen;
3. andere Anlagen, Betriebs- und Geschäftsausstattung;
4. geleistete Anzahlungen und Anlagen im Bau;

III. Finanzanlagen:
1. Anteile an verbundenen Unternehmen;
2. Ausleihungen an verbundene Unternehmen;
3. Beteiligungen;
4. Ausleihungen an Unternehmen, mit denen ein Beteiligungsverhältnis besteht;

5. Wertpapiere des Anlagevermögens;
6. sonstige Ausleihungen.

B. Umlaufvermögen:

I. Vorräte:
1. Roh-, Hilfs- und Betriebsstoffe;
2. unfertige Erzeugnisse, unfertige Leistungen;
3. fertige Erzeugnisse und Waren;
4. geleistete Anzahlungen;
II. Forderungen und sonstige Vermögensgegenstände:
1. Forderungen aus Lieferungen und Leistungen;
2. Forderungen gegen verbundene Unternehmen;
3. Forderungen gegen Unternehmen, mit denen ein Beteiligungsverhältnis besteht;
4. sonstige Vermögensgegenstände;
III. Wertpapiere:
1. Anteile an verbundenen Unternehmen;
2. eigene Anteile;
3. sonstige Wertpapiere;
IV. Kassenbestand, Bundesbankguthaben, Guthaben bei Kreditinstituten und Schecks.

C. Rechnungsabgrenzungsposten.

(3) Passivseite

A. Eigenkapital:

I. Gezeichnetes Kapital;
II. Kapitalrücklage;
III. Gewinnrücklagen:
1. gesetzliche Rücklage;
2. Rücklage für eigene Anteile;

3. satzungsmäßige Rücklagen;
4. andere Gewinnrücklagen;
IV. Gewinnvortrag/Verlustvortrag;
V. Jahresüberschuss/Jahresfehlbetrag.

B. Rückstellungen:
1. Rückstellungen für Pensionen und ähnliche Verpflichtungen;
2. Steuerrückstellungen;
3. sonstige Rückstellungen.

C. Verbindlichkeiten:
1. Anleihen
davon konvertibel;
2. Verbindlichkeiten gegenüber Kreditinstituten;
3. erhaltene Anzahlungen auf Bestellungen;
4. Verbindlichkeiten aus Lieferungen und Leistungen;
5. Verbindlichkeiten aus der Annahme gezogener Wechsel und der Ausstellung eigener Wechsel;
6. Verbindlichkeiten gegenüber verbundenen Unternehmen;
7. Verbindlichkeiten gegenüber Unternehmen, mit denen ein Beteiligungsverhältnis besteht;
8. sonstige Verbindlichkeiten,
davon aus Steuern,
davon im Rahmen der sozialen Sicherheit.

D. Rechnungsabgrenzungsposten.

Teil II
Kosten- und Leistungsrechnung

Die Aufgaben der Kosten- und Leistungsrechnung

Die Finanzbuchhaltung des Unternehmens bezeichnet man auch als das „Externe Rechnungswesen“. Das Ergebnis der Unternehmung wird entsprechend der Vorgaben aus dem Handels- und Steuerrecht ermittelt. So ermöglicht es der Finanzverwaltung, Investoren, Banken und anderen Kreditgebern, einen Einblick in die Ertragslage des Unternehmens zu gewinnen.

Die Kosten- und Leistungsrechnung (KLR) hingegen wird als das „Interne Rechnungswesen“ bezeichnet. Sie beinhaltet eine Ergebnisermittlung, die nicht zwingend „nach außen“ kommuniziert wird. Das aus ihr resultierende Reporting erfolgt speziell für die Geschäftsführung, die Abteilungsleiter und die so genannten Kostenstellenverantwortlichen.

KLR in der Möbelfertigung

Alle Berechnungen innerhalb der KLR erfolgen im Zusammenhang mit der betrieblichen Leistungserstellung. Also mit allem, was mit dem eigentlichen Betriebszweck (im Falle unserer „Fantastic Furniture OHG“), also der Herstellung von und dem Handel mit Wohnmöbeln zu tun hat. Geschäftsfälle, die diesen Bereich nicht direkt betreffen, bzw. ein Nebeneffekt der Unternehmung sind, werden gezielt ausgeklammert.

Am Schluss der KLR steht die Ermittlung der so genannten Selbstkosten, bezogen auf die einzelnen Abteilungen, unsere selbstgefertigten oder fremdbezogenen Artikel und/oder die Artikelgruppen. Damit lässt sich ermitteln, wie wirtschaftlich die Produktion eines Artikel, eines Betriebsbereiches oder der ganzen Unternehmung war. Wir können so auch feststellen, mit wieviel Euro ein Artikel zur Deckung unserer fixen Kosten beiträgt und ab welcher Stückzahl zum Beispiel ein Gewinn generiert werden kann.

All diese Ergebnisse helfen der „Fantastic Furniture OHG“ dabei, sich mit einem optimal aufgebauten Zahlenwerk auf die künftige Preisgestaltung und Positionierung am Markt vorzubereiten.

Die Grundbegriffe der KLR

Zuerst einmal betrachten wir die teilweise ganz neuen Begriffe, mit denen Sie konfrontiert werden. Diese weichen von den gebräuchlichen Worten aus der Finanzbuchhaltung ab. Gewiss, für den Lernenden ist diese Erkenntnis oft mit einem „Noch mehr Begriffe!“ verbunden. Dennoch helfen diese neuen Worte, die ausschließlich in der KLR Verwendung finden, beide Bereiche des Rechnungswesens voneinander zu trennen; sie auseinanderhalten zu können.

Aufwendungen – Kosten

In der Finanzbuchhaltung findet durchgehend der Begriff „Aufwendungen“ Verwendung. Dort bezeichnen wir alles, was die Ergebnisrechnung negativ beeinflusst, als *Aufwendungen.* Die KLR kennt diesen Begriff nicht. Hier werden die in Euro ausgedrückten Beträge, die unseren eigentlichen Betriebszweck (Möbel-Fertigung und –Handel) betreffen, als „Kosten“ bezeichnet.

Erträge/Erlöse – Leistungen

Sprechen wir im „externen Rechnungswesen“ von Erträgen, so meinen wir damit alle gewinnerhöhenden „Einnahmen“ unseres Unternehmens. So zum Beispiel Umsatzerlöse, Mieterträge und Zinserträge. All diese Werte beeinflussen unser Ergebnis und freuen die Finanzverwaltung.

„Leistungen“ hingegen sind nur die Werte, die wir im Rahmen unserer unternehmerischen Tätigkeit – also mit der Verfolgung des besagten „Betriebszwecks“ – erbringen. Das sind nicht nur die Leistungen, die sich auf die Umsatzerlöse unserer Unternehmung auswirken, sondern auch die Möbelstücke, die wir „für das Lager“

produzieren. Die Dinge, die mit der Fertigung und dem Handel nichts zu tun haben, werden nicht als „Leistungen“ bezeichnet.

Als *Leistungen* bezeichnen wir jede Form der *Produktivität*, sofern mit ihr der eigentliche *Zweck des Betriebes* verfolgt wird.

Die Rechnungskreise I. und II.

Im vorherigen Abschnitt haben Sie gelernt, dass die Art der Ergebnisermittlung im externen und dem internen Rechnungswesen unterschiedlich gehandhabt wird. Im „Externen“ wird alles berücksichtigt, was der Gesetzgeber verlangt, im „Internen“ hingegen nur das, was mit dem Betriebszweck zu tun hat.

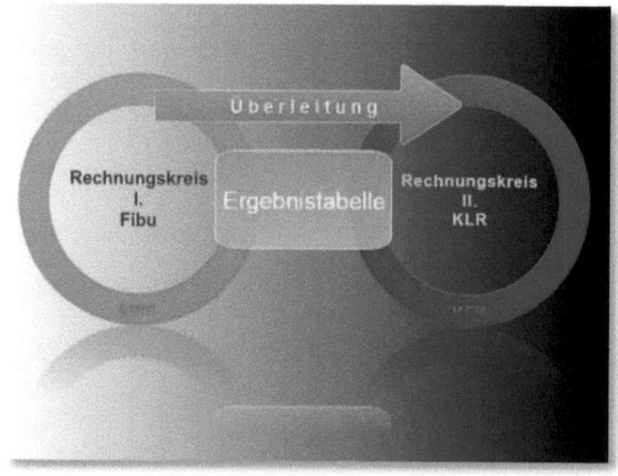

Zwei Rechenweisen also, die aber doch einiges gemeinsam haben. Zumindest so viel, dass die Werte teilweise aus der Finanzbuchhaltung in die KLR übernommen werden können. Und um in einer Sprache sprechen zu können, unterscheidet man am die beiden Arten des Rechnungswesens der Einfachheit halber zwischen „Rechnungskreis I." (Fibu) und „Rechnungskreis II." (KLR).

Diese Grafik soll Ihnen verdeutlichen, wie nah die beiden Bereiche beieinander stehen. Sie haben gewisse Gemeinsamkeiten, jedoch unterscheiden sie sich durch die Rechenweisen auch wieder erheblich voneinander. Wir wissen, dass wir einen Teil der betrieblichen Aufwendungen, nämlich die, die dem eigentlichen Betriebszweck zuzuordnen sind, in die KLR übernehmen müssen. Ebenso auch einen Teil der Erlöse und Erträge. Diese Übernahme kann theoretisch in Form einer Tabelle erfolgen oder auch als Liste, die mit freier Hand gezeichnet wurde. Das macht jedoch nur in der Theorie Sinn, da wir ganz genau nachverfolgen müssen, welche Werte wir in welcher Höhe übernehmen können und welche wir herausfiltern.

Für diese Überleitung vom Rechnungskreis I. in den Rechnungskreis II. verwenden wir die so genannte „Ergebnistabelle". Mit ihrer Hilfe gelingt es uns, sauber und nachvollziehbar darzustellen, wie unsere Berechnungen erfolgt sind.

Die Ergebnistabelle

In die Ergebnistabelle werden alle Aufwendungen, Erträge und Erlöse übernommen, die uns vom externen Rechnungswesen übergeben wurden. In der Spalte [1] werden die betreffenden Kontonummern des IKR genannt. Daneben, in Spalte [2], die Kontenbezeichnungen. In Spalte [3] werden die betrieblichen Aufwendungen eingetragen und in die Spalte [4] die Erträge und Erlöse. Am unteren Ende der Spalten werden die beiden Summen gebildet und der Saldo ermittelt. Sind die Aufwendungen größer als die Erträge und Erlöse, hat das Unternehmen einen Verlust erwirtschaftet.

Rechnungskreis I.			
Erfolgsbereich			
Geschäftsbuchführung, Kontenklassen 5, 6 und 7			
Konto [1]	Kontenbezeichnung [2]	Aufwendungen [3]	Erträge [4]
5000	Umsatzerlöse eig. Erz.		10.370.950,00
5100	Erlöse Handelswaren		398.500,00
5202	Bestandsveränd.e.E.		197.200,00
5400	Mieterträge		7.200,00
5410	Erträge a.d.A.v.AV		13.500,00
5710	Zinserträge		1.720,00
5490	Periodenfr. Erträge		3.100,00
5600	Erträge a.a.Finanzanl.		2.530,00
5800	Außerord. Erträge		1.890,00
6000	Aufw. Rohstoffe	5.632.725,00	
6020	Aufw. Hilfsstoffe	128.210,00	
6030	Aufw. Betriebsstoffe	16.844,00	

Jeder Betrag, der in einer Zeile der Ergebnistabelle erscheint, muss in der gleichen Zeile zumindest in Summe ein zweites Mal genannt werden. Ist dies nicht der Fall, hat sich ein Fehler eingeschlichen!

Überwiegen die Erträge und Erlöse, so wurde ein Gewinn erzielt. Dieses Ergebnis heißt in der Ergebnistabelle „Gesamtergebnis“.
Nun sind wir also soweit, dass die Überleitung vom Rechnungskreis I. in den Rechnungskreis II. erfolgen kann. Dabei müssen wir nun überlegen, welche Werte wir übernehmen dürfen, welche weder Kosten noch Leistungen darstellen und welche Zahlen der Kostenrechner zusätzlich in die KLR einfließen lassen will.

Eine der wichtigsten Erkenntnisse muss für Sie sein, dass der Kostenrechner, bzw. die Kostenrechnerin von Hause aus eine Schwarzmalerin ist. Diese Spezies Mensch verkörpert den Pessimismus. An sich mögen sie fröhliche Menschen sein, im Betrieb aber rechnen sie immer mit dem Schlimmsten. Und das tun sie –

Rechnungskreis I.			
Erfolgsbereich			
Geschäftsbuchführung, Kontenklassen 5, 6 und 7			
Konto [1]	Kontenbezeichnung [2]	Aufwendungen [3]	Erträge [4]
5000	Umsatzerlöse eig. Erz.		10.370.950,00
5100	Erlöse Handelswaren		398.500,00
5202	Bestandsveränd.e.E.		197.200,00

Rechnungskreis II.	
Kosten- und Leistungsrechnung	
Kosten [9]	Leistungen [1][0]

unglaublicher Weise – zum Vorteil ihres Arbeitgebers. Doch dazu später mehr.

Wir stehen also immer noch vor der Frage, welche Zahlen der Fibu in die KLR übernommen werden. Wir hinterfragen bei jedem Fibu-Wert, ob dessen Entstehen in direktem Zusammenhang mit dem eigentlichen Betriebszweck stand. Anders ausgedrückt: Sind die Aufwendungen, Erträge und Erlöse dadurch entstanden, dass die „Fantastic Furniture

OHG“ mit Möbeln handelt und diese selbst produziert? Falls ja, so sind die Aufwendungen 1:1 in die Spalte [9] zu übernehmen. Wir sprechen in diesem Fall von *Grundkosten*, bzw. von *Aufwandsgleichen Kosten*, also solchen Kosten, die dem Aufwand gleich sind.

Ebenso verfährt man mit den Erlösen. Die „Erlöse eigene Erzeugnisse“ in Höhe von € 10.370.950 und die „Erlöse Handelswaren“ € 398.500 zeigen die Zahlen (die Umsätze), die wir im Rahmen des eigentlichen Betriebszwecks generieren konnten. So werden auch diese in die Kostenrechnung übernommen; und zwar in die Spalte [10] „Leistungen“.

Unter den Werten der Fibu finden Sie auch den Posten „Bestandsveränderungen“. Der Fibu-Wert ist positiv und wird auf der gleichen Seite wie die Erlöse und Erträge genannt. Nun fragen Sie sich zurecht, wieso eine Bestandsveränderung denn den Gesamtgewinn erhöht. Ihr Fibu-Grundwissen voraussetzend versuchen Sie doch bitte einmal kurz nachzuvollziehen, welcher Buchungssatz dem

Konto [1]	Kontenbezeichnung [2]	Aufwendungen [3]	Erträge [4]	Kosten [9]	Leistungen [10]
5000	Umsatzerlöse eig. Erz.		10.370.950,00		10.370.950,00
5100	Erlöse Handelswaren		398.500,00		398.500,00
5202	Bestandsveränd.e.E.		197.200,00		197.200,00
[illegible]	[illegible]		[illegible]		

Geschäftsfall zu Grunde lag. Eine Bestandsveränderung wird immer ermittelt, wenn im Zuge der Inventur der Euro-Wert der (zum Beispiel) fertigen eigenen Erzeugnisse ermittelt wird. Liegt dieser Wert über dem Anfangsbestand, der zu Beginn des Wirtschaftsjahres mit dem

Buchungssatz „Eigene Erzeugnisse *an* Eröffnungsbilanzkonto" gebucht wurde, so muss die Veränderung der Bestände erfasst werden. Der Inventurwert ist dabei das Maß aller Dinge. Liegt nun der Inventurwert über dem Anfangsbestand, so muss es ja so sein, dass unsere Kollegen in der Fertigung mehr produzierten, als der Vertrieb hat verkaufen können. Der Lagerbestand wurde also um die genannten € 197.200,00 aufgebaut. Auch wenn diese Artikel nicht verkauft wurden, so haben die Kollegen der Fertigung dennoch eine Leistung erbracht. Und diese Leistung wird – wie bereits zuvor erläutert - in Euro bewertet in die entsprechende Spalte [1][0] übertragen.

Zurück zu den Aufwendungen. Wir haben soeben definiert, welche Aufwendungen „Grundkosten" sind und somit 1:1 in die Kostenspalte übernommen werden. Das waren die, die durch den eigentlichen Zweck der Unternehmung entstanden sind. Doch welche stellen keine Grundkosten dar? Zum Beispiel die „Neutralen Erträge" und die „Neutralen Aufwendungen". Schon im Rechnungskreis I. werden sie als „neutral" behandelt. Als eben solche, die ein Nebeneffekt des Betriebes sind, aber nichts mit der eigentlichen Leistungserstellung zu tun haben.

Neutrale Erträge

Als erstes Beispiel sollen die „Mieterträge" gelten. Der Grund für die Buchungen auf dem Konto kann nur sein, dass wir einen Teil der uns zur Verfügung stehenden Räume an einen Dritten vermietet haben. Wieder stellen wir uns die Frage: „Hat dieser Ertrag mit unserer eigentlichen betrieblichen Tätigkeit zu tun?" „Nein", spricht der Kostenrechner, „wir sind doch keine Wohnungsbaugesellschaft! Für diese wären es Leistungen, für uns sind sie es nicht und deshalb müssen diese auch neutralisiert werden."

Diese *Neutralisierung* erfolgt durch das Eintragen der Zahlen in die Felder der Spalte *Neutrale Aufwendungen* 5 und *Neutrale Erträge* 6 *(siehe hierzu den Ausriss auf der Folgeseite!).*

Schauen wir nun auf die nächste Position, die „Erträge aus dem Abgang von Anlagevermögen". Dieses Konto wird im Rechnungskreis I. bebucht, wenn wir ein Anlagegut (zum Beispiel einen Lkw aus unserem Fuhrpark) zu einem höheren Preis verkaufen, als sein Restbuchwert zum Zeitpunkt des Verkaufes ist. Neutralisieren müssen wir diesen Ertrag, weil wir das Unternehmen nicht betreiben, um Anlagegüter mit Gewinn oder Verlust zu veräußern.

Genauso verhält es sich bei der Position der „Periodenfremden Erträge". Der Kostenrechner legt sein Augenmerk ausschließlich auf die Kosten und Leistungen, die in der aktuellen Periode entstanden sind. Die periodenfremden Erträge betreffen Geschäftsvorfälle, die aus einer anderen Periode, nicht aber der aktuellen stammen. Daher werden auch sie neutralisiert.

Kommen wir nun zur nächsten Position, den „Erträgen aus anderen Finanzanlagen“. Damit sind die Erträge gemeint, die uns aus der risikoreichen Aktien-Spekulation entstanden sind. Der Kostenrechner freut sich für das Unternehmen, hebt jedoch abwehrend die Hand und sagt „Nein! Diese Erträge haben nichts mit unseren Möbeln zu tun. Die übernehme ich nicht in die Spalte [1][0]!“ Recht hat er.

Periodengerechte Abgrenzung ist ein Muss.

Betrachten wir als nächstes die „Zinserträge“. Wieder müssen wir uns nach der Ursache des Entstehens fragen. Die Zinserträge sind ein – die „ComIndirect Bank“ sein, dann wären sie gleichzeitig eine betriebliche Leistung. Wenn nicht für eine Bank, für wen dann? Eben! Wir fertigen Wohnmöbel und sind *keine* Bank! Also haben diese Erträge nur Auswirkungen auf das steuerliche Ergebnis, nicht aber auf die KLR.

Konto 1	Kontenbezeichnung 2	Aufwendungen 3	Erträge 4	neutrale Aufwend. 5	neutrale Erträge 6
5000	Umsatzerlöse eig. Erz.		10.370.950,00		
5100	Erlöse Handelswaren		398.500,00		
5202	Bestandsveränd.e.E.		197.200,00		
5400	Mieterträge		7.200,00		7.200,00
5410	Erträge a.d.A.v.AV		13.500,00		13.500,00
5490	Periodenfr. Erträge		3.100,00		3.100,00
5600	Erträge a.a.Finanzanl.		2.530,00		2.530,00
5710	Zinserträge		1.720,00		1.720,00
5800	Außerord. Erträge		1.890,00		1.890,00
6000	Aufw. Rohstoffe	5.632.725,00			

wie ich finde – einleuchtendes Beispiel. Würde unser Unternehmen Die „Außerordentlichen Erträge sind selbsterklärend. Erträge, die uns nur aus einem ganz besonderen Grund zufließen. Sie haben nichts mit der eigentlichen, betrieblichen Leistungserstellung zu tun. Als Beispiel können Sie sich den Zufluss von in früheren Jahren abgeschriebenen Forderungen merken. Alle genannten Beispiele erhöhen das Ergebnis der Unternehmung nach Handels- und Steuerrecht. Für diese Erträge zahlen wir also alle anfallenden Steuern. sind selbsterklärend. Erträge, die uns nur aus einem ganz besonderen Grund zufließen. Sie haben nichts mit der eigentlichen, betrieblichen Leistungserstellung zu tun. Als Beispiel können Sie sich den Zufluss von in früheren Jahren abgeschriebenen Forderungen merken. Alle genannten Beispiele erhöhen das Ergebnis der Unternehmung nach Handels- und Steuerrecht. Für diese Erträge zahlen wir also alle anfallenden Steuern.

Die Konten 6000 bis 6300, 6710 bis 6870 und 7030 des Rechnungskreises I. zeigen Aufwendungen, die durch die Verfolgung des eigentlichen Betriebszwecks verursacht wurden. Ohne dass wir diese Gelder ausgegeben hätten, wäre keine Leistungserbringung möglich gewesen. Deshalb sind dies Aufwandsgleiche Kosten, die 1:1 in die Spalte [9] übernommen werden.

Lassen wir im Augenblick das Konto „Abschreibung“ (6520) außer Acht und beschäftigen uns nun zuerst mit den zu neutralisierenden Aufwendungen. Im Rechnungskreis I. sprechen wir demzufolge von „Neutralen Aufwendungen“.

Neutrale Aufwendungen

Auch diese müssen wir auf dem Weg in den Rechnungskreis II. neutralisieren. Sie mindern zwar das steuerliche Ergebnis, haben aber wieder einmal nichts mit der Fertigung unserer Produkte in der aktuellen Periode zu tun.
„Periodenfremde Aufwendungen“ haben ihren Ursprung wie die „Periodenfremden Erträge“ in einer *fremden Periode*; einem der früheren Wirtschaftsjahre. Da wir im RK II. nur Zahlen berücksichtigen, die in der aktuellen Abrechnungsperiode entstanden sind, werden sie in der Spalte [5] neutralisiert.

Auch die „Zinsaufwendungen“ legen wir im Augenblick bei Seite und kümmern uns später darum. Weiter geht’s mit dem Konto 7600 „Außerordentliche Aufwendungen“. Das sind solche Aufwendungen, die quasi alle zehn oder zwanzig Jahre einmal anfallen. Manchmal auch noch seltener. Stellen wir uns einmal den außerordentlichen Fall vor, dass ein Teil unseres Fertigwaren-Lagers einem Feuerteufel zum Opfer fällt und wir - rein hypothetisch - vergessen haben, unsere Gebäude- oder Geschäftsinhalts-Versicherung zu bezahlen. Sehr abstrakt, ich weiß.

Konto 1	Kontenbezeichnung 2	neutrale Aufwend. 5	neutrale Erträge 6
5400	Mieterträge		7.200,00
5410	Erträge a.d.A.v.AV		13.500,00
5490	Periodenfr. Erträge		3.100,00
5600	Erträge a.a.Finanzanl.		2.530,00
5710	Zinserträge		1.720,00
5800	Außerord. Erträge		1.890,00
6990	Periodemfr. Aufwand	19.250,00	
7600	Außerord. Aufwand	7.702,00	
		26.952,00	29.940,00
		2.988,00	
		29.940,00	29.940,00
		Neutrales Ergebnis	
		2.988,00	

Rein steuerlich wirkt sich dieser Vorfall gewinnmindernd aus. Auch können wir uns des Mitgefühls unseres Kostenrechners sicher sein, jedoch lehnt er es ab, diesen außerordentlichen Vorgang in die KLR zu übernehmen und neutralisiert sie.

Gleiches macht er aus den bekannten Gründen mit „Spekulationsverlusten“ und den „Verlusten aus dem Abgang von Anlagevermögen“.

Werfen wir nun einen Blick auf den Ausriss der Ergebnistabelle, die die Zeilen mit den neutralen Aufwendungen und Erträgen zeigt. In den Spalten 5 und 6, die beide die „Unternehmensbezogene Abgrenzung￼“. Das Ergebnis, das durch die Neutralisierung der Positionen entstanden ist. Es lautet in unserem Beispiel auf € 2.988,00.

Die nächste Doppelspalte trägt die Überschrift „Kostenrechnerische Korrekturen“. Sie müssen also einem anderen Zweck dienen, nämlich der Korrektur einzelner Beträge, nicht aber dem Neutralisieren. Am einfachsten ist es, Ihnen Beispiele zu nennen. Und so kehren wir zurück zu den Konten 7510 und 6520.

> Das *Neutralisieren* oder *Herausfiltern* der *betriebsfremden* Aufwendungen und Erträge erfolgt grundsätzlich in der Ergebnistabelle.

Zinsaufwand und kalkulatorische Zinsen

Nehmen wir zuerst die Position „Zinsaufwand" im Rechnungskreis I. Hierauf wurden alle Zinsen gebucht, die wir an Kreditinstitute zum Beispiel für einen eingeräumten Kontokorrent-Kredit (Dispo) oder für ein Darlehen bezahlt haben. Steuerrechtlich und handelsrechtlich wirken sich diese steuermindernd aus. „Betriebsnotwendig" ist das Fremdkapital, das wir zum Beispiel für die Finanzierung einer

Fertigungshalle haben aufnehmen müssen. Oder die Kontokorrent-Zinsen für den Teil unseres Dispo-Kredits, den wir benötigen, um verspätete Debitoren-Zahlungen abzufedern oder um spontane Rohstoff-Einkäufe zu tätigen. Nur diese Zinsen gelten als „betriebsnotwendig". Der restliche Zinsaufwand wird in der Ergebnistabelle herausgefiltert. Und dies tun wir mit Hilfe der Spalten [7] und [8]. Auf dem Weg in die KLR müssen wir also vorsichtig sein. Der Kostenrechner wacht mit Argusaugen über unser Tun. Deshalb stellen wir uns die Frage: „Hat dieser Aufwand mit der betrieblichen Leistungserstellung zu tun?" „Ja!", können wir antworten, nachdem wir dies überprüft haben. „Alle gezahlten Zinsen waren betriebsnotwendig!" Und so können Sie auch diesen Wert (€ 65.980,00) als „Aufwandsgleiche Kosten" in die Spalte [9] übertragen.

Auch wenn wir in unserem Fall einen tatsächlichen Zinsaufwand hatten, so kann es sein, dass ein Unternehmen so solide dasteht, dass es kein Fremdkapital benötigt, sondern der Unternehmer Holz private Geldmittel zur Verfügung stellt. Nehmen wir an, Herr Holz verfügt über ein beträchtliches Privatvermögen, welches ihm bei seiner Hausbank kaum Zinsen beschert. Als Unternehmer ist ihm aber absolut klar, dass die „Fantastic Furniture OHG" zusätzlich zu dem Fremdkapital der Hausbank weiteres Kapital benötigt. Bei Investition, sei es in Gebrauchs- oder aber auch in Verbrauchsgüter, erscheinen diese schon auf den ersten Blick als *betriebsnotwendig*. Wir beziffern diesen zusätzlichen Kapitalbedarf einmal auf € 480.000,00. Herr Holz erhält keinerlei Zinszahlung von uns. Diese müsste er im Gegenzug im Rahmen seiner Einkommensteuer-Erklärung angeben; und das würde keinen steuerlichen Nutzen bringen.

Der Kostenrechner aber will eine Zinsbelastung im RK II. sehen. Seine Argumentation: Wenn Herr Holz – und das ist sein gutes Recht – das *betriebsnotwendige* Fremdkapital aus dem Unternehmen abziehen will, stehen wir vor einem Problem. Wir müssten uns das Geld bei einer Bank *zum marktüblichen* Zins, der zurzeit bei gut 8,5% liegt, leihen.

Da also für diesen Betrag keine Zinszahlung im RK I. zu finden ist, wir diese eventuell anfallenden Kosten einplanen wollen, berücksichtigen wir diese *kalkulatorischen Zinsen* wie folgt: *Betriebsnotwendiges Fremdkapital* € 480.000,00 • *marktüblichen Zinssatz* 8,5% = €b40.800,00 pro Jahr. Da diesen – wie gesagt – keine Buchung im RK I. gegenüber stehen, bleiben diese Spalten leer und wir erfassen den Wert nur in den Spalten [8] und [9]. Auch dies sind Kosten, die *zusätzlich* zu den Zahlen der Fibu entstehen: *Zusatzkosten.*

Rechnungskreis I.				
Erfolgsbereich				
Geschäftsbuchführung, Kontenklassen 5, 6 und 7				Unternehmensbez.
Konto 1	Kontenbezeichnung 2	Aufwendungen 3	Erträge 4	neutrale Aufwend. 5
5000	Umsatzerlöse eig. Erz.		10.370.950,00	
5100	Erlöse Handelswaren		398.500,00	
5202	Bestandsveränd.e.E.		197.200,00	
5400	Mieterträge		7.200,00	
5410	Erträge a.d.A.v.AV		13.500,00	
5490	Periodenfr. Erträge		3.100,00	
5600	Erträge a.a.Finanzanl.		2.530,00	
5710	Zinserträge		1.720,00	
5800	Außerord. Erträge		1.890,00	
6000	Aufw. Rohstoffe	5.632.725,00		
6020	Aufw. Hilfsstoffe	128.210,00		
6030	Aufw. Betriebsstoffe	16.844,00		
6150	Vertriebsprovisionen	98.380,00		
6160	Fremdinstandhaltung	62.440,00		
6200	Löhne	1.975.690,00		
6300	Gehälter	497.240,00		
6520	Abschreibung	297.300,00		
6710	Leasing (Kfz)	46.990,00		
6800	Büromaterial	8.965,00		
6870	Werbung	45.703,00		
6990	Periodemfr. Aufwand	19.250,00		19.250,00
7030	Kfz-Steuer	1.980,00		
7510	Zinsaufwendungen	65.980,00		
7600	Außerord. Aufwand	7.702,00		7.702,00
	kalkul. Abschreibung			
	kalkul. Zinsen			
	kalkul. Miete			
	kalkul. Unternehmerl.			
	kalkul. Wagnisse			
		8.905.399,00	10.996.590,00	26.952,00
		2.091.191,00		2.988,00
		10.996.590,00	10.996.590,00	29.940,00
		Gesamtergebnis		Neutrales Ergebnis
		2.091.191,00		2.988,00

Rechnungskreis II.				
Abgrenzungsbereich			Kosten- und Leistungsrechnung	
Abgrenzung	Kostenrechn. Korrekturen			
neutrale Erträge 6	Aufwand 7	verr.Kosten 8	Kosten 9	Leistungen 10
				10.370.950,00
				398.500,00
				197.200,00
7.200,00				
13.500,00				
3.100,00				
2.530,00				
1.720,00				
1.890,00				
			5.632.725,00	
			128.210,00	
			16.844,00	
			98.380,00	
			62.440,00	
			1.975.690,00	
			497.240,00	
	297.300,00			
			46.990,00	
			8.965,00	
			45.703,00	
			1.980,00	
	65.980,00			
		328.560,00	328.560,00	
		53.980,00	53.980,00	
		64.800,00	64.800,00	
		93.600,00	93.600,00	
		6.000,00	6.000,00	
29.940,00	363.280,00	546.940,00	9.062.107,00	10.966.650,00
	183.660,00		1.904.543,00	
29.940,00	546.940,00	546.940,00	10.966.650,00	10.966.650,00
	Kostenrechn. Korrekturen		Betriebsergebnis	
	183.660,00		1.904.543,00	

Kalkulatorische Abschreibung

Kommen wir nun zum Konto 6520 „Abschreibung". Laut Gesetzgeber durften wir unsere „Holzfräse Fortuna", deren endgültige Anschaffungskosten bei € 22.932,00 liegen, über einen Zeitraum von 10 Jahren linear abschreiben. Die jährliche Abschreibung in Höhe von 10% wurde von den Anschaffungskosten ermittelt und Gewinn mindernd gebucht. Diese € 2.293,20 stecken in dem Gesamtbetrag der „Abschreibungen auf Sachanlagen". In der Kostenrechnung berücksichtigen wir jedoch einen *anderen* Wert als den der bilanziellen Abschreibung. Dem Kostenrechner kommt es darauf an, dass wir bis zu dem Zeitpunkt, an dem wir eine neue Fräse kaufen müssen, über die betrieblichen Leistungen genügend Geld verdient haben, um dies zu schaffen. Er rechnet also anders:

Aus seiner Erfahrung heraus weiß er, dass sich der Kaufpreis bis zur tatsächlichen Wiederbeschaffung der Fräse um 10% erhöhen wird. Weil wir ja das Geld bis dahin verdienen müssen, rechnet er daher mit Wiederbeschaffungskosten in Höhe von € 25.225,20. Zudem unterstellt er, dass die alte Fräse immer noch - wenn auch zu einem recht niedrigen Preis - verkauft werden kann. Die aktuellen Marktpreise ergeben einen realistischen Verkaufspreis von netto € 2.000,00. Also saldiert er die geplanten Wiederbeschaffungskosten und den Verkaufspreis des Anlagegutes und kommt auf den Betrag (€ 23.225,20), der verdient werden muss.

Sie erinnern sich, dass der RK I. alle Werte gemäß Handels- und Steuerrecht ausweist; der RK II. hingegen eine – quasi – betriebsinterne Rechnung darstellt. Dem Kostenrechner kann es also ziemlich egal sein, welche Nutzungsdauer die AfA-Tabelle für die Fräse vorsieht. In unserem Fall waren das ja zehn Jahre. Für ihn ist wichtig, wie lange sich die Maschine *üblicherweise* in unserem *Betrieb* nutzen lässt. Man spricht von der „Betriebsüblichen Nutzungsdauer". In unserem Beispiel sind dies acht statt der zehn Jahre. Ergo: Dem Betrieb muss es also gelingen, innerhalb von acht Jahren einen Betrag von € 23.225,20 für die Wiederbeschaffung zu erwirtschaften. Wir setzen also im RK II. nicht eine jährliche Abschreibung von € 2.293,20 an, sondern *kalkulieren* so, dass wir € 23.225,20 durch die betriebsübliche Nutzungsdauer (8 Jahre) teilen und in die Kostenspalte [9] € 2.903,15 übernehmen. Diesen Betrag nennen wir „Kalkulatorische Abschreibung". Zudem handelt es sich um „Anderskosten", weil der Betrag im RK II. ein *anderer* ist als im RK I. Um die Zeile korrekt zu füllen, erfassen wir die *bilanzielle Abschreibung* aus Spalte [3] unter „Aufwand" (Spalte [7]) und die *kalkulatorische Abschreibung* ein weiteres Mal in Spalte [8] unter *verrechnete Kosten.*

In der KLR: Kalkulatorische AfA auf Wiederbeschaffungskosten

Sie sehen, dass in der KLR ein anderer Betrag genannt wird als im Rechnungskreis I.; ein „anderer Betrag", also „Anderskosten".

Kalkulatorische Miete

Der Gesellschafter und Geschäftsführer Felix A. Holz stellt dem Unternehmen eine Fertigungshalle mit einer Grundfläche von 1.200m² zur Verfügung, die sich in seinem Privatbesitz befindet. Wieder müssen wir schauen und überprüfen, ob wirklich die gesamte Fläche der Fertigungshalle *betrieblich notwendig* ist und wir diese also komplett für die Herstellung von Wohnmöbeln benötigen. Ist dies nicht der Fall, müssen wir einen Teil herausrechnen. Wir gehen aber einmal davon aus, dass 100% der Fläche erforderlich sind.
Im Rechnungskreis I. finden wir keinen Mietaufwand, da wir an den Unternehmer keine Miete bezahlen. Das wäre steuerlich unsinnig, weil

die „Fantastic Furniture OHG“ diese zwar steuermindernd buchen könnte, Herr Holz aber seinerseits diese „Einkünfte aus Vermietung und Verpachtung“ versteuern müsste. Nichtsdestotrotz sagt Ihnen der Kostenrechner im Gespräch: „Mir ist klar, dass Herr Holz von uns keine Miete bekommt. Was aber wäre, wenn er sein Eigentum für andere Zwecke nutzen will? Dann müssten wir uns eine in etwa gleichgroße Halle anmieten. Und diese *kalkulierte Miete* will ich in die KLR übernehmen. Nur für den Fall der Fälle“.

Diese „Kalkulatorische Miete“ wird so berechnet, dass man die *betriebsnotwendige* Fläche mit dem *ortsüblichen Mietzins* multipliziert. Nach unserer Recherche liegt der Quadratmeterpreis für

Gewerbeimmobilien bei zurzeit € 4,50. Wir multiplizieren also die 1.200m² mit € 4,50 und kennen nun die kalkulatorische Miete: €15.400,00; multipliziert mit 12 erhalten wir den Jahreswert € 64.800,00.

Diesem kalkulatorischen Wert steht kein Wert im RK I. (Spalte 3) gegenüber. Eben, weil wir an Herrn Holz *keine* Miete bezahlt haben. Aber wir wollen den Wert in der Kosten-Spalte 9 haben. Gemäß unseres Merksatzes muss aber jeder Wert *zumindest in Summe* ein zweites Mal in der Zeile erscheinen. Und das erreichen wir, indem wir die € 64.800,00 in die Spalte 8 „Kostenrechnerische Korrekturen" eintragen. Diese Kosten entstehen *zusätzlich* zu den Werten in der Fibu. Deshalb bezeichnet man sie auch als *Zusatzkosten.*

Kalkulatorischer Unternehmerlohn

Kommen wir nun zur nächsten Position, der kein Wert im RK I. gegenüber steht. Der *Lohn*, der eigentlich unserem *Unternehmer* zustehen würde. Entsprechend seiner Qualifikation müssten wir für einen gleichwertigen Ersatz pro Monat ein *marktübliches Gehalt* von brutto € 6.500,00 bezahlen. Hinzu kämen noch die Arbeitgeberanteile zur Sozialversicherung, die wir mit rund 20% (€ 1.300,00) ansetzen müssen. Die Gesamtbelastung läge also pro Monat bei € 7.800,00. Multipliziert mit zwölf Monaten ergäbe dies € 93.600,00 für ein

Wirtschaftsjahr. Aber auch bei dieser Position haben wir das Problem, dass wir keinen entsprechenden Wert in der Fibu finden. Weil Herr Holz ja eben *kein* Gehaltsempfänger ist, sondern von den ausgeschütteten Gewinnen leben muss.
Sollte Herr Holzes aber vorziehen, seinen Lebensabend in Ruhe genießen zu wollen oder er muss aus gesundheitlichen Gründen ausscheiden, so wären wir mit dem vorgenannten Problem der Fremdbesetzung konfrontiert. Und für den Fall der Fälle möchte der Kostenrechner diese *mögliche* Belastung berücksichtigen; er trägt diese also in die Spalten [8] und [9] der Zeile „Kalkulatorischer Unternehmerlohn" ein.

Kalkulatorische Wagnisse

Beschäftigen wir uns zuletzt mit anderen *Wagnissen*, die ein Unternehmen tangieren können, es aber nicht zwingend müssen. Diese *kalkulatorischen Wagnisse*, die für die „Fantastic Furniture" eine enorme Kostenbelastung darstellen können, möchte der Kostenrechner berücksichtigt wissen. „Welche Wagnisse berücksichtigen wir denn im Rechnungskreis II.?", fragt eine Ihrer Mitauszubildenden. Ihr Vorgesetzter setzt an, um Ihnen beiden die umfangreiche Welt der Wagnisse zu erklären:
„Mit ein bisschen Routine kommen sie selbst darauf. Es sind alle Risiken, die die „Fantastic Furniture" zu tragen hat. Zum Beispiel das

Beständewagnis. Damit sind die Gefahren gemeint, denen unser Stoffe- und das Fertigwarenlager ausgesetzt sind. Kosten, die durch Diebstahl, Beschädigung oder anderen Totalverlust anfallen können. Ebenso sind

es die so genannten *Forderungswagnisse.* Auch selbsterklärend: Unser Risiko, dass ein Teil der Kundenforderungen nicht bezahlt wird und wir darauf sitzen bleiben. Außerdem gehen wir ein *Wagnis aus Wechselkursversprechen* ein. Dann nämlich, wenn wir zum Beispiel unserem Kunden Living & More in Las Vegas ein Angebot in US-Dollar zukommen lassen, das eine Laufzeit von 6 Monaten hat. In dieser Zeit kann sich am Devisenmarkt viel tun und wir müssten eventuell einen Währungsverlust hinnehmen. Das letzte wichtige ist das *Wagnis aus Forschung und Entwicklung.* Weniger für unser Unternehmen, aber denken sie nur an die Pharmaindustrie. Wenn dort an einem neuen, sagen wir Aids-Medikament geforscht wird, verschlingt das Abermillionen. Und niemand dort weiß, ob die Forschung ein Medikament hervorbringt, das auch wirklich Heilung bringt und niemand weiß, ob es letztendlich auch eine Zulassung bekommt.

Für all diese *Wagnisse* müssen wir eine Position in der Ergebnistabelle bilden. Für den Fall eben, dass solche Dinge auch bei uns geschehen. Den Wert bilden wir aus unserer Erfahrung heraus. Rückblickend auf die vergangenen zehn Jahre kann man sagen, dass wir per anno im

Durchschnitt mit € 6.000,00 konfrontiert waren. Und diesen Betrag müssen wir auf unsere Verkaufspreise umlegen, denn die müssen so gestaltet sein, dass - auch im *worst case* – alle zu erwartenden Risiken abgedeckt sind. Nachdem wir nun auch dieses Wagnis berücksichtigt haben, bilden wir für jede der Spalten *Aufwand* ([7]) und *verrechnete Kosten* ([8]) eine Summe und ermitteln den Saldo."

Soweit der Monolog des Kostenrechners. Doch Recht hat er. Am Ende seiner Ausführungen hat er es auf den Punkt gebracht: Die Kostenrechnung ermöglicht es, unter Berücksichtigung aller in Frage kommenden Risiken, unsere Verkaufspreise so zu gestalten, dass wir zumindest eine Deckung der Kosten, optimaler Weise einen Gewinn erwirtschaften.

Konkurrierende Unternehmen aus unserer Branche müssen zum Beispiel einen Geschäftsführer beschäftigen und bezahlen. Oder sie müssen eine Gewerbefläche pachten, um produzieren zu können. Auch sie müssen mit Wagnissen leben und diese bezahlen können. Wenn also auch sie unter gleichen Risiken und Umständen fertigen und wir diese Posten zumindest als latentes Risiko einplanen, dann müssen unsere Preise eigentlich zwingend *marktgerecht*, das heißt, konkurrenzfähig sein.

Nun haben Sie gelernt, welche Zahlen des RK I. als *Grundkosten* oder *aufwandsgleiche Kosten* bezeichnet werden und dass sie in die Spalte [9] der Tabelle übernommen werden. *Betriebliche Leistungen* wie

Erlöse und positive Bestandsveränderungen kommen in die Spalte [1][0]. Wir neutralisieren *betriebsfremde* bzw. *nicht betriebsbedingte Aufwendungen und Erträge* in den Spalten [5] und [6]. Im Falle von *Anderskosten* passen wir diese in den Spalten [7] und [8] an. *Zusatzkosten* wie die *kalkulatorischen Kosten* werden zusätzlich nur in der Spalte [8] eingetragen.

Das Betriebsergebnis und die Wirtschaftlichkeit

Addieren wir nun die Werte der Spalten Kosten (9) und Leistungen (10) und ermitteln dann den Saldo, erhalten wir das Ergebnis der *betrieblichen* Leistungserstellung. Und dieses heißt *Betriebsergebnis*. Neben dieser Kennziffer können wir anhand der gebildeten Summen noch eine weitere, mindestens genauso wichtige Zahl errechnen: Die *Wirtschaftlichkeit*. Dafür teilen wir die Summe der *Leistungen* durch die Summe der *Kosten*. Der errechnete Wert sollte ≥ 1 sein, die Leistungen sollten also mindestens die *Kosten decken*. Es sollte somit zumindest *Kostendeckung* erreicht werden.

Anhand unserer Beispiel-Ergebnistabelle rechnen wir also wie folgt:

$$\frac{\text{Leistungen € 10.966.650,00}}{\text{Kosten € 9.062.107,00}}$$

= Wirtschaftlichkeit 1,21

Der Wert ist größer/gleich (≥) 1, also ist die Wirtschaftlichkeit des Betriebes gegeben.

Kostenartenrechnung

Wieder ist der Begriff selbsterklärend. In der Kosten*arten*rechnung geht es um die Unterscheidung der Kosten nach ihren *Arten.* Zum einen besteht die Möglichkeit, diese nach Art des Verbrauchs von Produktionsfaktoren zu unterscheiden. Diese sind – Sie erinnern sich – Kapital, Arbeit, Boden/Umwelt und Dienstleistung. Daher unterscheiden wir wie folgt:

- Materialkosten *(Roh-, Hilfs-, Betriebsstoffe und Waren)*
- Personalkosten *(Löhne, Gehälter, Arbeitgeberanteile SV, Berufsgenossenschaft usw.)*
- Dienstleistungskosten *(Steuerberater, Webhost, Gebäudereiniger usw.)*
- Steuern, Gebühren *(betriebliche Steuern, Gebühren für Handwerkskammer oder IHK usw.)*
- Betriebsmittelkosten *(zum Beispiel die Kosten für AfA, Energie und Wartung von Maschinen)*

Eine andere Unterscheidungsmöglichkeit der Kosten ist die nach der betrieblichen Funktion

- Beschaffungskosten *(Kosten, die durch Einkauf entstehen)*
- Fertigungskosten *(Kosten, die innerhalb der Fertigung entstehen)*
- Vertriebskosten *(Kosten, die durch den Vertrieb der Waren und eigenen Erzeugnisse entstehen)*

- Verwaltungskosten *(Kosten, die durch die Verwaltung des Betriebes entstehen)*

Außerdem können wir diese noch nach der Art der Verrechnung aufteilen. Folgende beide Arten unterscheiden wir:

- Einzelkosten
- Gemeinkosten

Dies sind für Sie wahrscheinlich gänzlich neue Begriffe. Deshalb möchte ich sie an dieser Stelle erklären.

Einzelkosten sind die Kosten, die dem *einzelnen Produkt* oder, anders ausgedrückt, einem *einzelnen Kostenträger* zugeordnet werden können.

Spezialwerkzeug für nur eine Möbelserie sind Sondereinzel-kosten der Fertigung

Stellen wir zum Beispiel in unserem Betrieb eine bestimmte Zahl eines Wohnmöbels her, so können wir exakt bestimmen, welche Kosten durch den Materialeinsatz und welche Kosten durch den Personaleinsatz verursacht wurden. Diese *direkt zuordenbaren* Kosten nennt man *Einzelkosten.* Hierzu zählen auch die Sondereinzelkosten (SEK) der Fertigung *(Spezielle Werkzeuge, die wir für ein spezielles Produkt benötigen)* und/oder Sondereinzelkosten des Vertriebs *(zum Beispiel im Maschinenbau eine spezielle Übersee-Verpackung).*

Gemeinkosten hingegen sind die Kosten, die wir *keinem einzelnen Produkt* oder einem *einzelnen Kostenträger* zuordnen können. Diese müssen wir den betrieblichen *Kostenstellen* auf eine andere Weise, nämlich mit Hilfe des *Betriebsabrechnungsbogens* zuordnen. zuordnen.

Eine weitere wichtige Unterscheidung erfolgt danach, ob das Entstehen der Kosten davon abhängig war, welche Menge an Möbelstücken gefertigt wurde. Für diese *Menge* wird in der Kosten- und Leistungsrechnung ein anderer Begriff verwendet, den der *Beschäftigung*.

Er darf nicht mit der *Kapazität* unseres Betriebes verwechselt werden. Die *Kapazität* sagte aus, wie viele Möbelstücke wir mit den gegebenen *Produktionsfaktoren* herstellen könnten. Wenn wir also mit dem vorhandenen Personal und den vorhandenen Maschinen eine Leistung von 100% fahren. Erreichen wir diese 100%, so sprechen wir von der *Kapazitätsgrenze unseres Betriebes*. Angenommen, die Grenze liegt bei 4.000 Stück Möbeln und wir würden im aktuellen Monat 3.000 Möbelstücke hergestellt haben, so wäre unsere *Kapazitätsauslastung* bei 75%.

Es gibt also solche Kosten, die, unabhängig davon, wie hoch die *Beschäftigung* war, das *Betriebsergebnis* immer in gleicher Höhe belasten. Das sind zum Beispiel Leasinggebühren für unseren Fuhrpark oder die Pacht für eine Lagerhalle. Beide fallen monatlich an. Egal, ob wir in der Fertigung einen Handschlag tun oder nicht. Diese stehen fest und sind *fixe Kosten*. Beachten Sie, dass oftmals auch die Löhne zu den fixen Kosten gezählt werden. Die Argumentation ist folgende: Wie die Gehaltsempfänger, deren Bezüge ja fix zu zahlen sind, haben auch die Lohnempfänger Anspruch auf den vertraglich vereinbarten Lohn. Ebenso stehen die monatlich zu leistenden Stunden fest. Somit sind auch diese Kosten ein *fixer Bestandteil*.

An dieser Grafik können Sie den Verlauf der Kosten nachvollziehen. Als Beispiel sollen hier die *fixen Kosten*, die durch die *Kalkulatorische Miete* von monatlich € 5.400,00 dienen. Diese sind und bleiben *unabhängig von der Beschäftigung* immer gleich hoch.

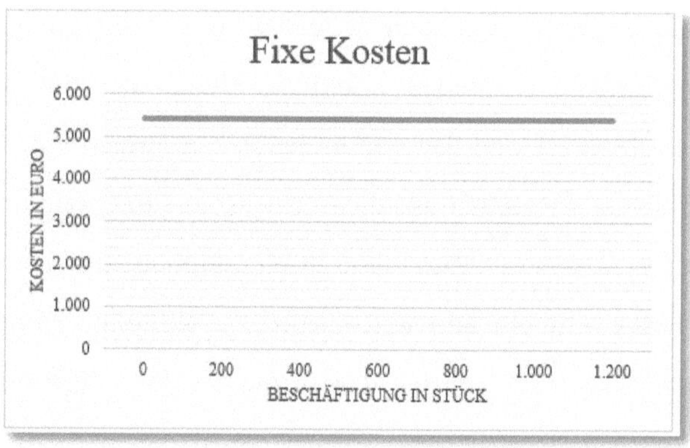

Nachdem wir nun den Kostenverlauf der fixen Kosten kennengelernt haben, schauen wir uns an, was passiert, wenn wir uns über eine *zunehmende Beschäftigung* freuen können. Diese *fixen Stückkosten* (also die fixen Kosten pro produziertes Möbelstück) sinken, je mehr

Möbel hergestellt werden. Unterstellen wir einmal, dass wir mit einer anfänglichen Beschäftigung von 100 Stück ausgehen, dann ist es so, dass pro Möbelstück ein *Fixkostenanteil* an der Pacht von € 54,00 veranschlagt werden muss. Produzieren wir 200 Exemplare, so sinken die *fixen Stückkosten* auf nur noch € 27,00. Bei einer maximal möglichen *Beschäftigung* von 1.200 Stück verbleiben noch € 4,50 an fixen Kosten pro Stück. Dieser Sachverhalt wird auch als *Fixkostendegression* bezeichnet.

Man spricht auch von einem *degressiven Kostenverlauf.* Bei geringer Stückzahl sind die fixen Kosten sehr hoch, mit zunehmender Beschäftigung werden sie weiter minimiert, erreichen aber niemals € 0,00!

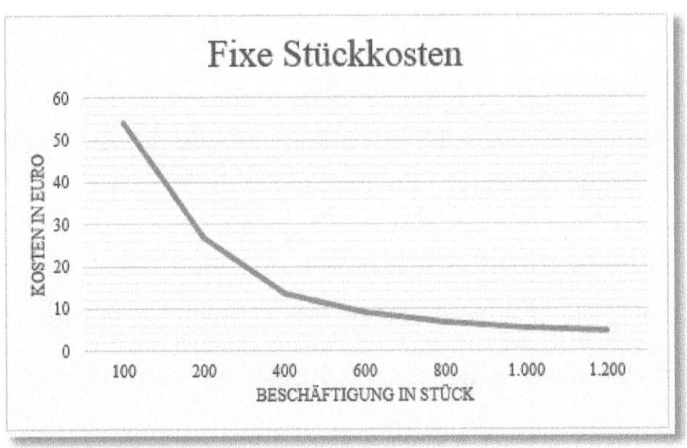

Unterstellen wir einmal, dass die vom Unternehmer zur Verfügung gestellte Halle bis zu einer gewissen *Beschäftigungsgröße* ausreicht und wir ab einer *Beschäftigung* von 4.000 Stück eine weitere, gleich große und gleich teure Halle hinzumieten müssen. Dadurch machen unsere *fixen Kosten* einen *Sprung*. Und so sprechen wir von *sprungfixen Kosten*.

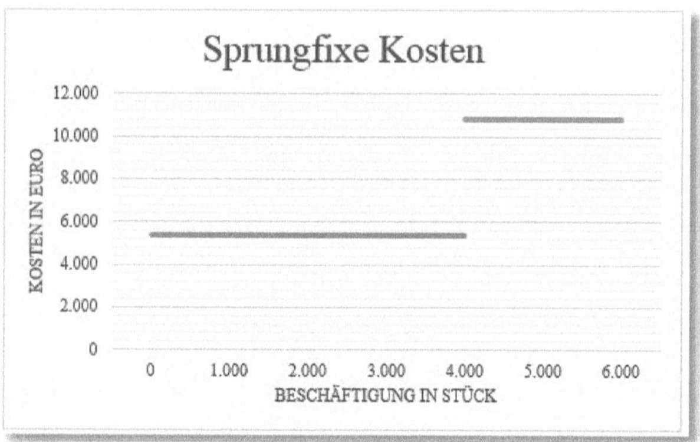

Das Gegenstück zu den *fixen Kosten* sind die *variablen Kosten*. Diese entstehen mit der Fertigung eines Stückes Möbel. Zu den *variablen Kosten* zählen zum Beispiel das *Fertigungsmaterial* und die *Fertigungslöhne*. Diese sind *beschäftigungsabhängig*. Produzieren wir „0" Stück, so fallen auch keine variablen Kosten an. Fertigen wir jedoch ein Möbelstück, entstehen uns für Material und Löhne *variable Stückkosten* in Höhe von € 150,00. Bei einer *Beschäftigung* von zwei Stück sind das dann insgesamt € 300,00 an *variablen Gesamtkosten* usw. Die Grafik verdeutlicht Ihnen den so genannten *proportionalen Kostenverlauf*.

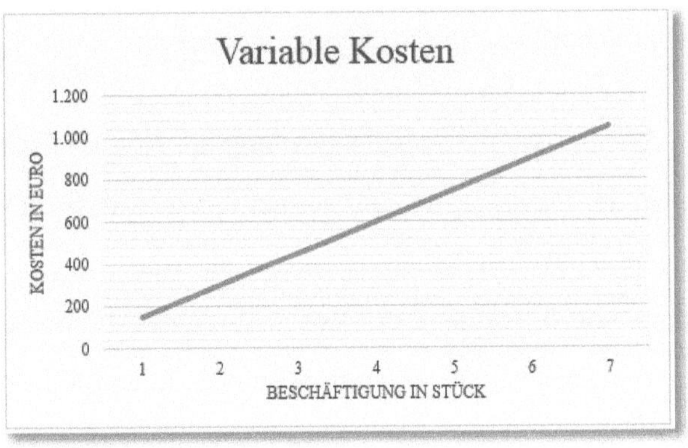

Ohne die ganze Sache noch komplizierter machen zu wollen, sei mir der Hinweis auf die Existenz der so genannten *Mischkosten*stellen eine *Mischung aus fixen und variablen Kosten* dar. Zum Beispiel die Energiekosten. Zum einen berechnet der Stromlieferant eine Gebühr für die Nutzung des Stromzählers (fix pro Jahr). Zum anderen werden uns verbrauchsabhängige Stromkosten (variabel) in Rechnung gestellt. Deshalb spricht man hier von *Mischkosten.*

Neben der oben dargestellten, typischen Entwicklung der *variablen Kosten* kann es aber auch zu einer anderen kommen. Die auf der Folgeseite dargestellte Variante tritt ein, wenn wir die *Beschäftigung* in unserem Betrieb weiter vorantreiben wollen, um zum Beispiel die *fixen Stückkosten* zu minimieren.

Dieser Grundgedanke ist ja auf keinen Fall als schlecht von der Hand zu weisen. Dennoch kann es bei einem größeren *Output* im Fertigungsbereich zu anderen Problemen kommen.

Abgesehen davon, dass die Arbeitsbelastung der Mitarbeiterinnen und Mitarbeiter in der Fertigung so sehr steigen können, dass diese an ihre körperlichen und psychischen Grenzen stoßen, kann dies auch mit sich bringen, dass wir mit einem größeren Ausschuss rechnen müssen. Fräsen und Bohrmaschinen arbeiten bei einem höheren Tempo nicht zwingend sauberer. Und den Maschinen schneller zugeführte Holzplatten können vielleicht einmal mehr anstoßen und müssen dann ausgemustert werden. Wenn das eintritt, ist ein *überproportionaler Kostenanstieg* wahrscheinlich. Dieser wird grafisch wie folgt dargestellt.

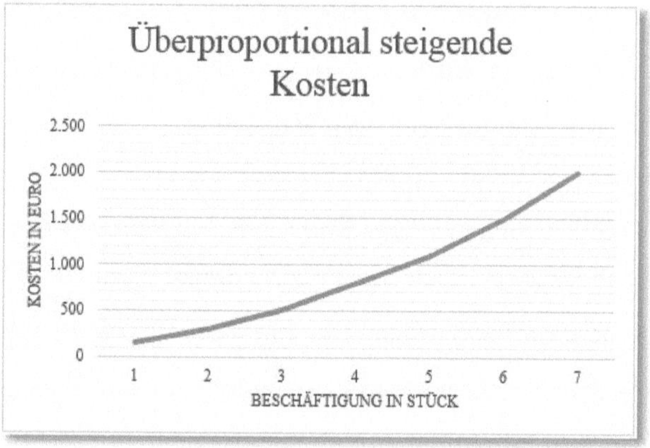

Ergo: Eine höhere *Beschäftigung* muss nicht zwingend wirtschaftlich sein.

Kostenstellenrechnung

Nachdem wir uns ausführlich mit den *Arten der Kosten* beschäftigt haben, ist es an der Zeit, voller Zuversicht an den zweiten Bereich der Kostenrechnung heranzugehen; die *Kostenstellenrechnung*. Also die Rechnung, deren Aufgabe es ist, festzustellen, an welcher *Stelle*, an welchem Ort im Betrieb die Kosten entstanden sind. Den Begriffen *Stelle* oder *Ort* kann man die *Hauptabteilungen unseres Betriebes* gleichsetzen. Das sind bei einem Fertigungsbetrieb, wie der „Fantastic Furniture OHG“ die

- Hauptkostenstelle Material
- Hauptkostenstelle Fertigung
- Hauptkostenstelle Verwaltung
- Hauptkostenstelle Vertrieb.

Wenn es dann also in einem Fertigungsbetrieb *Haupt*kostenstellen gibt, kann man zurecht den Eindruck gewinnen, es müsse auch andere geben. Richtig! Das sind die so genannten *Hilfskostenstellendirekt* einer der Hauptkostenstellen zugeordnet werden können. einer der Hauptkostenstellen zugeordnet werden können.

Hauptkostenstelle Material

Dieser Kostenstelle werden alle Kosten zugeordnet, die durch die Beschaffung und die Lagerung von Rohstoffen, Hilfsstoffen, Betriebsstoffen und von Handelswaren entstehen. Das sind also zum Beispiel die Personalkosten des Einkaufs und des Stoffe- und Warenlagers, die entsprechenden Raumkosten, Versicherungsprämien, die Abschreibungen auf Lagereinrichtungen und Gabelstapler usw.

Hauptkostenstelle Fertigung

In dieser Kostenstelle entsteht in einem Fertigungsbetrieb üblicherweise der größte Teil der Kosten. Sie werden dies

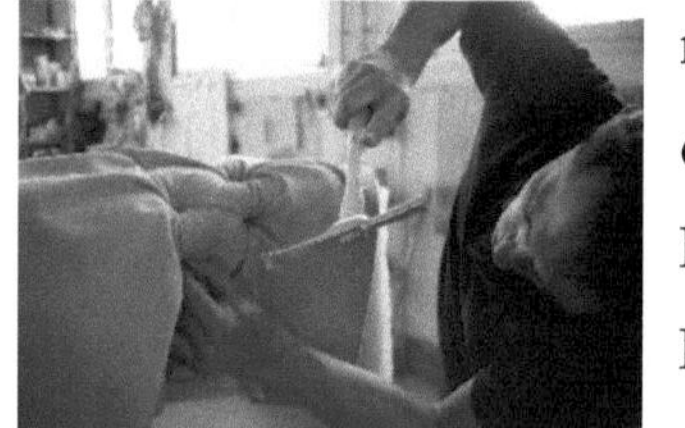

nachvollziehen können, wenn Sie an die oftmals sehr teuren Fertigungsanlagen der Möbelindustrie denken. Großsägen, Fräsen, Durchlaufpressen, Absauganlagen verursachen neben den kalkulatorischen Abschreibungen auch einen erheblichen Teil der Energiekosten. Ebenso sind hier die Personalkosten (*Fertigungslöhne*) und die Raumkosten sehr hoch.

Hauptkostenstelle Verwaltung

In der Verwaltung unseres Betriebes fallen Kosten durch die Geschäftsführung, die Mitarbeiter der Lohn- und Finanzbuchhaltung und der für allgemeine Verwaltungsaufgaben an. In kleinerem Maße Raumkosten und auch kalkulatorische Abschreibungen für die dort vorhandenen Büromöbel und EDV-Geräte.

Hauptkostenstelle Vertrieb

An diesem *Ort* wird dafür gesorgt, dass die von uns produzierten Wohnmöbel im Handel platziert oder direkt an die Endverbraucher

veräußert werden. Neben den Personalkosten der Vertriebsmitarbeiter haben wir es auch mit Vertriebsprovisionen, Kosten der Messepräsentation und nicht zuletzt den Kosten zu tun, die durch das *Fertigwarenlager* entstehen. Die Kosten dieses Lagers dürfen Sie nicht der *Hauptkostenstelle Material* zurechnen!

Zuordnung der Kosten zu den Kostenstellen

Die in den Spalten 9 und 10 unserer *Ergebnistabelle* genannten Kosten wollen wir nun also den Hauptkostenstellen *verursachungsgerecht* zuordnen. Wir müssen dies mit allen Werten tun, einschließlich der ermittelten *kalkulatorischen Kosten*.

Ordnet man den *Kostenträgern* (eigenen Erzeugnissen oder Handelswaren) die *variablen* und die *fixen Kosten* zu, so spricht man von der *Vollkostenrechnung.*

Zuerst müssen wir die Werte herausfiltern, die wir als *Einzelkosten* bezeichnen. Eben *die* Kosten, die wir den einzelnen Produkten (*Leistungen*) *direkt* zuordnen können. Nur die *Gemeinkosten*, die einer einzelnen betrieblichen Leistung *nicht direkt zugeordnet werden können*, werden über den BAB auf die Hauptkostenstellen verteilt. In unserem Falle sind dies die *Aufwendungen Rohstoffe* und die *Aufwendungen für Hilfsstoffe*, sowie die *Löhne.* Diese sind *direkt zuordenbar*, weil das eingesetzte Material, sowie die Lohnkosten je Möbelstück fest stehen.

Der Betriebsabrechnungsbogen (BAB)

Man könnte nun eine Rechenmaschine nehmen, kreativ multiplizieren und dividieren und sich die Zwischen- und Endergebnisse in einer Loseblatt-Sammlung notieren. Das macht aber wenig Sinn, weil die Berechnungen immer nachvollziehbar und an etwaige betriebliche Veränderungen angepasst werden müssen.

Der *Betriebsabrechnungsbogen* ermöglicht es, die *Gemeinkosten* auf die einzelnen *Kostenstellen* zu verteilen.

Deshalb nimmt man zur Verteilung der Kosten auf die einzelnen *Hauptkostenstellen* den *Betriebsabrechnungsbogen (BAB)* zu Hilfe. Und so sieht diese für den Monat Dezember aus:

Betriebsabrechnungsbogen der "Fantastic Furniture GmbH" per 31.12.2015							
				Hauptkostenstellen			
Konto	Kontenbezeichnung	Kosten	Verteilung	**Material**	**Fertigung**	**Verwaltung**	**Vertrieb**
6030	Aufw. Betriebsstoffe	16.844,00					
6150	Vertriebsprovisionen	98.380,00					
6160	Fremdinstandhaltung	62.440,00					
6300	Gehälter	497.240,00					
6710	Leasing (Kfz)	46.990,00					
6800	Büromaterial	8.965,00					
6870	Werbung	45.703,00					
7030	Kfz-Steuer	1.980,00					
	kalkul. Abschreibung	328.560,00					
	kalkul. Zinsen	53.980,00					
	kalkul. Miete	64.800,00					
	kalkul. Unternehmerl.	93.600,00					
	kalkul. Wagnisse	6.000,00					
		1.325.482,00		- €	- €	- €	- €
			Einzelkosten				
			Gemeinkostenzuschlagsatz				

In die Spalte „Kosten" werden die *Gemeinkosten*aus der *Ergebnistabelle* übernommen. In der Spalte daneben, die mit „Verteilung" beschriftet ist, finden Sie regelmäßig die von Ihnen ermittelten oder Ihnen vorgegebenen Schlüssel zur Verteilung der Kosten auf die Hauptkostenstellen (HKS). Diese Spalte ist noch nicht gefüllt, da wir die Schlüssel nun erstmalig berechnen müssen.

In die Spalte „Kosten" werden die *Gemeinkosten* aus der *Ergebnistabelle* übernommen. In der Spalte daneben, die mit „Verteilung" beschriftet ist, finden Sie regelmäßig die von Ihnen ermittelten oder Ihnen vorgegebenen Schlüssel zur Verteilung der Kosten auf die Hauptkostenstellen (HKS). Diese Spalte ist noch nicht gefüllt, da wir die Schlüssel nun erstmalig berechnen müssen.

Die Ersteinrichtung einer Kostenrechnung ist sehr zeitaufwendig. Um die Kosten *verursachungsgerecht* zuordnen zu können, muss man häufig in den Betrieb gehen, um die einzelnen Schritte und Abläufe zu begreifen. Außerdem ist es sehr wichtig, dass eingehende Rechnungen, wie zum Beispiel für Kosten der *Fremdinstandhaltung*, richtig kontiert und einer *Kostenstelle* (Holzfräse AB123) zugeordnet werden. Hat man diese Informationen im Vorfeld nicht bekommen, muss man sie sich am Ort des Entstehens beschaffen.

Schlüsseln wir die Kosten der Reihe nach. Von unseren *Kostenstellenverantwortlichen* haben wir die erforderlichen Informationen bekommen.

Die Kosten der *Betriebsstoffe* werden wie folgt verteilt: HKS Material hat 22% verursacht, die Fertigung 67%, die Verwaltung 1% und der Vertrieb 10%.

Berechnung: € 16.844,00 ÷ 100 [%] = 168,44. Nun multiplizieren wir die € 168,44 mit den Prozentsätzen je HKS.

HKS Material: € 168,44 • 22 [%] = € 3.705,68

HKS Fertigung: € 168,44 • 67 [%] = € 11.285,48

HKS Verwaltung: € 168,44 • 1 [%] = € 168,44

HKS Vertrieb: € 168,44 • 10 [%] = € 1.684,40

Nehmen Sie sicherheitshalber eine Verprobung vor und addieren Sie die Rechenergebnisse!

Der Verteilungsschlüssel steht nun als mit 22/67/1/10[%] fest. Die errechneten Teilergebnisse werden nun in die entsprechenden Spalten des BAB übernommen:

Betriebsabrechnungsbogen der "Fantastic Furniture GmbH" per 31.12.2015							
				Hauptkostenstellen			
Konto	Kontenbezeichnung	Kosten	Verteilung	**Material**	**Fertigung**	**Verwaltung**	**Vertrieb**
6030	Aufw. Betriebsstoffe	16.844,00	22/67/1/10[%]	3.705,68 €	11.285,48 €	168,44 €	1.684,40 €

Das Konto 6150 „Vertriebsprovisionen“ ist zwar eindeutig der *HKS Vertrieb* zuzuordnen, nicht jedoch einer einzelnen betrieblichen Leistung. Daher werden auch diese Kosten über den BAB umgelegt; wenn auch zu 100% auf den Vertrieb.

Konto	Kontenbezeichnung	Kosten	Verteilung	**Material**	**Fertigung**	**Verwaltung**	**Vertrieb**
6150	Vertriebsprovisionen	98.380,00	0/0/0/100[%]	- €	- €	- €	98.380,00 €

Die Kosten „Fremdinstandhaltung“ (Konto 6160) werden auf Basis des Fibu-Kontenblatts verteilt. Schon bei der Erfassung der eingegangenen Rechnungen hat man die notwendigen Informationen zusammen mit den anderen buchungsrelevanten Daten erfasst:

Kontenblatt in Euro
Berater: 1
Mandant: 164/2015
Fantastic Furniture OHG *Konto:* *6160 - Fremdinstandhaltung*

Konto	Dat.	Belegl	Gkto	Buchungste	Soll	Haben	Kostl
6160	17.04.2015	145877	70000	Knutsen, Por	17.891,00	0,00	1000
6160	15.05.2015	9821	70100	Adam, Unfal	9.880,00	0,00	3000
6160	22.05.2015	20150502	70200	CB, Fertigwa	2.000,00	0,00	4000
6160	10.07.2015	75311	70400	SN, Reparatu	16.000,00	0,00	2000
6160	17.07.2015	75319	70400	SN, Abluftsy	6.000,00	0,00	2000
6160	30.09.2015	AR8759	70300	Canon, Fax F	200,00	0,00	3000
6160	30.09.2015	AR8760	70300	Canon, Laser	300,00	0,00	4000
6160	20.11.2015	85213	70400	SN, Regal Fe	10.169,00	0,00	4000
				EB-Wert: 0,00	Saldo Neu: 62.440,00S		
				JVZ Neu:	62.440,00	0,00	

Legende: KST 1000 = Material, 2000 = Fertigung, 3000 = Verwaltung, 4000 = Vertrieb

Schauen Sie bitte auf die äußerste rechte Spalte. Dort sind die Kostenstellen je Rechnung erfasst. Und der unten stehenden Legende können Sie die Zuordnung entnehmen.

KST Material: **€ 17.891,00**

KST Fertigung: € 16.000,00 + € 6.000,00 = **€ 22.000,00**

KST Verwaltung: € 9.880,00 + € 200,00 = **€ 10.080,00**

KST Vertrieb: € 2.000,00 + € 300,00 + € 10.169,00 = **€ 12.469,00**

Konto	Kontenbezeichnung	Kosten	Verteilung	Material	Fertigung	Verwaltung	Vertrieb
6160	Fremdinstandhaltung	62.440,00	*siehe Konto*	17.891,00 €	22.000,00 €	10.080,00 €	12.469,00 €

Die Kosten durch die Gewährung von Gehältern (€ 497.240,00) werden anhand von Informationen aus der Lohnbuchhaltung verteilt. Folgende Liste wurde uns vorlegt:

Interne Information zur Verteilung von Lohnkosten auf die einzelnen Kostenstellen

Ansprechpartner/Lohn:	*Konstanze Wagner; Durchwahl -457*
Abrechnungsperiode:	*Jahr 2015*
Lohnart:	*Gehalt*
Summe der Gehälter:	*497.240,00*

Mitarbeiter	Abteilung	Brutto	KST Mat.	KST Fert.	KST Verw.	KST Vertr.
Bredemann, Alfons	Einkauf	43.176,00 €	43.176,00 €			
Conradt, Kathrin	Verwaltung	39.242,00 €			39.242,00 €	
Esmann, Willi	Rohstofflager	32.316,00 €	32.316,00 €			
Filou, Jacques	Fertigwarenlager	34.258,00 €	34.258,00 €			
Gründner, Peter	Hilfsstofflager	29.993,00 €	29.993,00 €			
Liebermann, Max	Fertigung	45.342,00 €		45.342,00 €		
McAllister, John	Rohstofflager	40.982,00 €	40.982,00 €			
Morchner, Dietmar	Vertrieb	54.326,00 €				54.326,00 €
Nordhorn, Philip	Verwaltung	40.158,00 €			40.158,00 €	
Oberschelp, Frank	Vertrieb	59.985,00 €				59.985,00 €
Schlüpmann, W. Jörg	Vertrieb	39.741,00 €				39.741,00 €
Strieker, Frauke	Verwaltung	37.721,00 €			37.721,00 €	
	Summen Kostenstellen		180.725,00 €	45.342,00 €	117.121,00 €	154.052,00 €

Datum:	18. Januar 2016
Zeichen/Unterschrift:	Konstanze Wagner

Wir übernehmen die Summen je Hauptkostenstelle in den Betriebsabrechnungsbogen:

Konto	Kontenbezeichnung	Kosten	Verteilung	Material	Fertigung	Verwaltung	Vertrieb
6300	Gehälter	497.240,00	*Buchungsliste*	180.725,00 €	45.342,00 €	117.121,00 €	154.052,00 €

Unsere Kollegin Frauke Strieker hat uns eine Liste mit der Aufteilung der Leasingkosten nach HKS übergeben. Wir können diese Werte ungeprüft in den BAB übernehmen:

Interne Information zur Verteilung von Leasingkosten auf die einzelnen Kostenstellen

Ansprechpartner/in: *Frauke Strieker; Durchwahl -512*

Abrechnungsperiode: *Jahr 2015*

Summe Leasingkosten: *46.990,00*

Leasinggegenstand	Abteilung	Kosten	KST Mat.	KST Fert.	KST Verw.	KST Vertr.
BMW 525i LP-FF 1	Verwaltung	5.600,00 €			5.600,00 €	
BMW 1er LP-FF 3	Vertrieb	2.244,00 €				2.244,00 €
VW T6 LP-FF 5	Vertrieb	8.300,00 €				8.300,00 €
Fräse Horizon KFF191	Fertigung Platten	11.310,00 €		11.310,00 €		
Flächenschleifer FS 19	Fertigung Platten	8.763,00 €		8.763,00 €		
Mitsubishi Stapler M12	Rohstofflager	2.128,00 €	2.128,00 €			
Mitsubishi Stapler S90	Fertigwarenlager	3.285,00 €				3.285,00 €
HP Server S5000	Verwaltung	1.760,00 €			1.760,00 €	
HP Desktop (7 Stück)	Verwaltung	2.100,00 €			2.100,00 €	
HP Desktop (5 Stück)	Vertrieb	1.500,00 €				1.500,00 €
		Summen Kostenstellen	2.128,00 €	20.073,00 €	9.460,00 €	15.329,00 €

Datum: 12.01.2016

Zeichen/Unterschrift: Frauke Strieker

Konto	Kontenbezeichnung	Kosten	Verteilung	Material	Fertigung	Verwaltung	Vertrieb
6710	Leasing (Kfz)	46.990,00	*Leasingaufst.*	2.128,00 €	20.073,00 €	9.460,00 €	15.329,00 €

Als nächstes müssen wir die Kosten für den Bürobedarf aufteilen. Auch dafür erhalten wir von der Buchführung den Ausdruck eines Kontenblattes und verteilen die Kosten entsprechend.

Kontenblatt in Euro
Berater: 1
Mandant: 164/2015
Fantastic Furniture OHG *Konto: 6800 - Büromaterial*

Konto	Dat.	Begegl	Gkto	Buchungste	Soll	Haben	Kostl
6800	15.01.2015	20157537	70500	Paolo Office	1.258,00	0,00	3000
6800	01.02.2015	20157698	70500	Paolo Office	398,00	0,00	4000
6800	20.03.2015	9743625	70300	Canon	982,00	0,00	2000
6800	15.05.2015	20158912	70500	Paolo Office	1.398,00	0,00	3000
6800	18.07.2015	20159963	70500	Paolo Office	2.177,00	0,00	4000
6800	20.10.2015	201512132	70500	Paolo Office	613,00	0,00	1000
6800	10.12.2015	201513987	70500	Paolo Office	2.139,00	0,00	3000
				EB-Wert: 0,00	Saldo Neu: 8.965,00S		
				JVZ Neu:	8.965,00	0,00	

Legende: KST 1000 = Material, 2000 = Fertigung, 3000 = Verwaltung, 4000 = Vertrieb

KST Material: **€ 613,00**

KST Fertigung: **€ 982,00**

KST Verwaltung: € 1.258,00 + € 1.398,00 + € 2.139,00 = **€ 4.795,00**

KST Vertrieb: € 398,00 + € 2.177,00 = **€ 2.575,00**

Konto	Kontenbezeichnung	Kosten	Verteilung	Material	Fertigung	Verwaltung	Vertrieb
6800	Büromaterial	8.965,00	Kontenblatt	613,00 €	982,00 €	4.795,00 €	2.575,00 €

Die angefallenen Kosten für die Werbung, die laut Finanzbuchhaltung € 45.703,00 ausmachen, gehen ausschließlich zu Lasten der HKS *Vertrieb*.

Konto	Kontenbezeichnung	Kosten	Verteilung	Material	Fertigung	Verwaltung	Vertrieb
6870	Werbung	45.703,00	0/0/0/100[%]	- €	- €	- €	45.703,00 €

Nun kommen wir zum Konto Kfz-Steuer. Auch hierfür benötigen wir einen Ausdruck, um die Werte richtig ablesen und zuordnen zu können:

Kontenblatt in Euro
Berater: 1
Mandant: 164/2015
Fantastic Furniture OHG *Konto: 7030 - Kfz-Steuer*

Konto	Dat.	Belegl	Gkto	Buchungste	Soll	Haben	Kostl
7080	12.02.2015	KA1510	2800	LP-FF 5	318,00	0,00	4000
7080	15.02.2015	KA1511	2800	LP-FF 1	402,00	0,00	3000
7080	01.04.2015	KA3201	2800	LP-FF12	392,00	0,00	1000
7080	28.06.2015	KA5906	2800	LP-FF 3	264,00	0,00	4000
7080	05.07.2015	KA6001	2800	LP-FF 9	306,00	0,00	4000
7080	31.08.2015	KS7903	2800	LP-FF 4	298,00	0,00	1000
				EB-Wert: 0,00	Saldo Neu: 1.980,00S		
				JVZ Neu:	1.980,00	0,00	

Legende: KST 1000 = Material, 2000 = Fertigung, 3000 = Verwaltung, 4000 = Vertrieb

KST Material: € 392,00 + € 298,00 = **€ 690,00**

KST Fertigung: **€ 0,00**

KST Verwaltung: **€ 402,00**

KST Vertrieb: € 318,00 + € 264,00 + € 306,00 = **€ 888,00**

Konto	Kontenbezeichnung	Kosten	Verteilung	Material	Fertigung	Verwaltung	Vertrieb
7030	Kfz-Steuer	1.980,00	Kontenblatt	690,00 €	- €	402,00 €	888,00 €

Nachdem wir nun die *Grundkosten* und die *Anderskosten* verteilt haben, wenden wir uns noch den *Zusatzkosten* zu. Wie schon umfassend erläutert, sind dies die *kalkulatorischen Kosten*, die wir am Ende der Ergebnistabelle wiederfinden.

Beginnen wir hier mit der *kalkulatorischen Abschreibung.* Das Rechnungswesen wird in einem Industriebetrieb normalen Ausmaßes in verschiedene Abteilungen unterteilt. So, wie zum Beispiel die *Lohnbuchhaltung* eine separate Abteilung ist, so wird auch die Verwaltung des Anlagevermögens gehandhabt. Und von unserer Mitarbeiterin Anna Mikiewicz erhalten wir eine Aufstellung der Abschreibungsbeträge:

Aufteilung der "kalkulatorischen Abschreibung" auf die einzelnen Kostenstellen

Ansprechpartnerin: *Anna Mikiewicz; Durchwahl -685*

Abrechnungsperiode: *Kalenderjahr 2015*

Summe Abschreibung: *328.560,00*

Anlagegut	Abteilung	kalk. AfA	KST Mat.	KST Fert.	KST Verw.	KST Vertr.
Mitsubishi Stapler F12	Fertigung Platten	3.165,00 €		3.165,00 €		
Fräse Calypso C100	Fertigung Platten	27.592,00 €		27.592,00 €		
Furnierautomat Z7	Fertigung Platten	37.399,00 €		37.399,00 €		
3-Achs CNC	Fertigung Platten	48.519,00 €		48.519,00 €		
Hochregallager I.	Rohstofflager	5.316,00 €	5.316,00 €			
Hochregallager II.	Fertigwarenlager	4.937,00 €				4.937,00 €
Durchlaufbohrmaschine	Fertigung Platten	47.349,00 €		47.349,00 €		
Kantenleimmaschine	Fertigung Platten	31.549,00 €		31.549,00 €		
Büromöbel (diverse)	diverse	12.530,00 €	1.245,00 €	1.739,00 €	7.311,00 €	2.235,00 €
French Cut Automat	Fertigung Platten	51.258,00 €		51.258,00 €		
Förderanlage FA70	Fertigwarenlager	28.369,00 €		28.369,00 €		
Kappsäge	Fertigung Platten	30.577,00 €		30.577,00 €		
		Summen Kostenstellen	6.561,00 €	307.516,00 €	7.311,00 €	7.172,00 €

Datum: 13.01.2016

Zeichen/Unterschrift: Anna E. Mikiewicz

Konto	Kontenbezeichnung	Kosten	Verteilung	Material	Fertigung	Verwaltung	Vertrieb
	kalkul. Abschreibung	328.560,00	*AfA-Aufstellg.*	6.561,00 €	307.516,00 €	7.311,00 €	7.172,00 €

Die *kalkulatorischen Zinsen,* die von uns der Vorsicht halber hinzugerechnet wurden, werden für das uns von Herrn Holz zur Verfügung gestellte Eigenkapital berücksichtigt. Wir hatten Herrn Holz um die Überlassung gebeten, damit wir am Spot-Markt Rohstoffe erwerben können und um verspätete Kunden-Zahlungen abzufedern, ohne dafür den Kontokorrent-Kredit der Sparkasse Lippstadt in Anspruch nehmen zu müssen. Da die Aufteilung nicht Cent-genau erfolgen kann, schätzen wir diese auf 85% zu Lasten der Kostenstelle Material und die verbleibenden 15% zu Lasten der Kostenstelle Vertrieb.

Konto	Kontenbezeichnung	Kosten	Verteilung	**Material**	**Fertigung**	**Verwaltung**	**Vertrieb**
	kalkul. Zinsen	53.980,00	85/0/0/15 [%]	45.883,00 €	- €	- €	8.097,00 €

Die nächste Position *kalkulatorische Miete* wird üblicherweise entsprechend der je Hauptkostenstelle genutzten Grundfläche verteilt. Dabei berücksichtigt man auch die Außenflächen, die zum Beispiel für die Anlieferung von Stoffen oder aber auch die Mitarbeiter-Parkplätze erforderlich sind. Diese Zahlen stehen für einen langen Zeitraum fest und wurden von uns seinerzeit wie folgt errechnet:

1.200m² • € 4,50 Miete pro m² und Monat • 12 Monate = € 64.800,00

KST Material: 220m² • € 4,50 • 12 = **€ 11.880,00**

KST Fertigung: 650m² • € 4,50 • 12 = **€ 35.100,00**

KST Verwaltung: 105m² • € 4,50 • 12 = **€ 5.670,00**

KST Vertrieb: 225m² • € 4,50 • 12 = **€ 12.150,00**

Konto	Kontenbezeichnung	Kosten	Verteilung	**Material**	**Fertigung**	**Verwaltung**	**Vertrieb**
	kalkul. Miete	64.800,00	220/750/105/225m²	11.880,00 €	35.100,00 €	5.670,00 €	12.150,00 €

Bei der Verteilung des *kalkulatorischen Unternehmerlohns* müssen wir uns auf die Einschätzungen von Herrn Holz verlassen. Herr Holz nimmt nicht an der Zeiterfassung teil, kann als Unternehmer aber nachvollziehen, welchen Anteil welche Hauptkostenstelle an einem ganz normalen Arbeitstag hat. Er übergibt uns folgenden Zettel:

Verteilung meiner Arbeitszeit auf die betrieblichen Kostenstellen (Jahr 2015)

	Monat	*Jahr*
Einkauf	35	420
Stoffelager	12	144
Fertigung Platten	20	240
Fertigung Möbelbau	35	420
Geschäftsführung (Verwaltung)	42	504
Fertigwarenlagen	15	180
Vertriebsinnendienst	85	1.020
Vertriebsaußendienst	25	300
	269	3.228

Gruß, Felix A. Holz

P.S.: Ich bin so fleißig, nehmt Euch ein Beispiel!

Ganz besonders, weil Herr Holz sich das P.S. nicht verkneifen konnte, rechnen wir nun alles genau nach und verteilen auf die HKS:

KST Material: 420 + 144 Std. = 564 Std. **= 17,47%**

KST Fertigung: 240 + 420 Std. = 660 Std. **= 20,45%**

KST Verwaltung: 504 Std. **= 15,61%**

KST Vertrieb: 180 + 1.020 + 300 Std. = 1.500 Std. **= 46,47%**

Verteilen wir nun den *kalkulatorischen Unternehmerlohn* in Höhe von € 93.600,00 prozentual auf die HKS, so haben wir erneut Material zum Füllen des BAB:

KST Material:	17,47% von € 93.600,00	= **€ 16.352,00**
KST Fertigung:	20,45% von € 93.600,00	= **€ 19.141,00**
KST Verwaltung:	15,61% von € 93.600,00	= **€ 14.611,00**
KST Vertrieb:	46,47% von € 93.600,00	= **€ 43.496,00**

Konto	Kontenbezeichnung	Kosten	Verteilung	**Material**	**Fertigung**	**Verwaltung**	**Vertrieb**
	kalkul. Unternehmerl.	93.600,00	*Liste F.A.Holz*	16.352,00 €	19.141,00 €	14.611,00 €	43.496,00 €

Nun steht noch die letzte Position der Ergebnistabelle zur Verteilung an. Auch hierbei müssen wir auf unsere Erfahrung bauen. Die mit den *kalkulatorischen Wagnissen* berücksichtigten Risiken beziehen sich ausschließlich auf die *Verschlechterung* von Rohstoff-, Hilfs- und Betriebsstoffen und auf *Währungsschwankungen* im Vertriebsbereich. Da wir jedoch fast alle Verträge in Euro abschließen, können wir den Stoffen 90% und dem Vertrieb 10% zurechnen:

KST Material:	90% von € 6.000,00	= **€ 5.400,00**
KST Vertrieb:	10% von € 6.000,00	= **€ 600,00**

Konto	Kontenbezeichnung	Kosten	Verteilung	**Material**	**Fertigung**	**Verwaltung**	**Vertrieb**
	kalkul. Wagnisse	6.000,00	90/0/0/10 [%]	5.400,00 €			600,00 €
		1.325.482,00		291.828,68 €	461.439,48 €	170.418,44 €	402.595,40 €

Auf der folgenden Seite sehen Sie nun den komplett gefüllten Betriebsabrechnungsbogen der „Fantastic Furniture OHG“ auf Basis der Zahlen vom 31. Dezember 2015.

Am unteren Ende der jeweiligen HKS-Spalten sehen Sie auch die Summen.

Mit der *Summe der Gemeinkosten* je Hauptkostenstelle können wir nun einen Schritt weiter gehen und die so genannten *Kalkulations-Zuschlagsätze* ermitteln. Um dies zu tun, benötigen wir jedoch erst einmal die in der *Ergebnistabelle* dargestellten *Material-* und *Fertigungseinzelkosten.*

Dies sind im Einzelnen:

Materialeinzelkosten

Konto 6000 Aufwendungen Rohstoffe € 5.632.725,00

Konto 6020 Aufwendungen Hilfsstoffe€ 128.210,00

Fertigungseinzelkosten

Konto 6200 Löhne € 1.975.690,00

In der Verwaltung und dem Vertrieb gibt es keine Einzelkosten!

Diese Einzelkosten übernehmen wir nun in die entsprechenden Felder unseres BAB:

1.325.482,00		291.828,68 €	461.439,48 €	169.618,44 €	402.595,40 €
	Einzelkosten	5.760.935,00 €	1.975.690,00 €		
Gemeinkostenzuschlagsatz					

Die *Einzelkosten* waren die Kosten, die dem einzelnen Bereich, der einzelnen Kostenstelle *direkt zuzuordnen* war. Die *Gemeinkosten* hingegen mussten wir mit Hilfe des BAB auf die HKS umlegen. Die im BAB ermittelten Jahressummen je HKS sehen wir vorläufig als *Erfahrungswerte* an, mit deren Hilfe wir künftig unsere Verkaufspreise kalkulieren wollen.

Diese Leerseite musste aus technischen Gründen eingefügt werden.

Betriebsabrechnungsbogen der "Fantastic					
				Hauptkostenstellen	
Konto	Kontenbezeichnung	Kosten	Verteilung	**Material**	
6030	Aufw. Betriebsstoffe	16.844,00	22/67/1/10[%]	3.705,68 €	
6150	Vertriebsprovisionen	98.380,00	0/0/0/100[%]	- €	
6160	Fremdinstandhaltung	62.440,00	*siehe Konto*	17.891,00 €	
6300	Gehälter	497.240,00	*Buchungsliste*	180.725,00 €	
6710	Leasing (Kfz)	46.990,00	*Leasingaufst.*	2.128,00 €	
6800	Büromaterial	8.965,00	Kontenblatt	613,00 €	
6870	Werbung	45.703,00	0/0/0/100[%]	- €	
7030	Kfz-Steuer	1.980,00	Kontenblatt	690,00 €	
	kalkul. Abschreibung	328.560,00	*AfA-Aufstellg.*	6.561,00 €	
	kalkul. Zinsen	53.980,00	85/0/0/15 [%]	45.883,00 €	
	kalkul. Miete	64.800,00	220/750/105/225m²	11.880,00 €	
	kalkul. Unternehmerl.	93.600,00	*Liste F.A.Holz*	16.352,00 €	
	kalkul. Wagnisse	6.000,00	90/0/0/10 [%]	5.400,00 €	
		1.325.482,00		291.828,68 €	
			Einzelkosten	5.760.935,00 €	
			Gemeinkostenzuschlagsatz		

Gemeinkosten-Zuschlagsätze

Sinn und Zweck ist es, das wir auf relativ einfache Weise errechnen können, wieviel Prozent an *Materialgemeinkosten (MGK)* wir je € 100,00 an *Materialeinzelkosten (MEK) zuschlagen* müssen.

Und das zu berechnen, geht eigentlich relativ einfach – wenn man's weiß:

MEK € 5.760.935,00 = 100%

MGK € 291.828,68 = x %

Berechnung: 291.828,68 • 100 ÷ 5.760.935 = 5,065647

Furniture OHG" per 31.12.2015			
	Hauptkostenstellen		
	Fertigung	Verwaltung	Vertrieb
	11.285,48 €	168,44 €	1.684,40 €
	- €	- €	98.380,00 €
	22.000,00 €	10.080,00 €	12.469,00 €
	45.342,00 €	117.121,00 €	154.052,00 €
	20.073,00 €	9.460,00 €	15.329,00 €
	982,00 €	4.795,00 €	2.575,00 €
	- €	- €	45.703,00 €
	- €	402,00 €	888,00 €
	307.516,00 €	7.311,00 €	7.172,00 €
	- €	- €	8.097,00 €
	35.100,00 €	5.670,00 €	12.150,00 €
	19.141,00 €	14.611,00 €	43.496,00 €
			600,00 €
	461.439,48 €	169.618,44 €	402.595,40 €
	1.975.690,00 €	8.489.893,16 €	8.489.893,16 €

Dieses Ergebnis runden Sie bitte auf zwei Stellen nach dem Komma und fügen es in das folgende Feld ein:

1.325.482,00		291.828,68 €	461.439,48 €
	Einzelkosten	5.760.935,00 €	1.975.690,00 €
	Gemeinkostenzuschlagsatz	**5,07%**	

In der KLR-Sprache heißt dieser Prozentsatz *Materialgemeinkosten-Zuschlagsatz*. Je € 100,00 an *Materialeinzelkosten* müssen wir mit € 5,07 an *Materialgemeinkosten* rechnen.

Genauso verfahren wir auch bei der Ermittlung des *Fertigungsgemeinkosten-Zuschlagsatzes*:

Fertigungseinzelkosten (FEK) € 1.975.690,00 = 100%

Fertigungsgemeinkosten FGK € 461.439,48 = x %

Berechnung: 461.439,48 • 100 ÷ 1.975.690,00 = 23,355864

Auch dieses Ergebnis übertragen wir (gerundet auf zwei Stellen nach dem Komma) in das entsprechende Feld des BAB:

1.325.482,00		291.828,68 €	461.439,48 €
	Einzelkosten	5.760.935,00 €	1.975.690,00 €
	Gemeinkostenzuschlagsatz	5,07%	**23,36%**

Auch hier heißt dieser Prozentsatz *Fertigungsgemeinkosten-Zuschlagsatz (FGKZ)*. Je € 100,00 an *Fertigungseinzelkosten* müssen wir mit € 23,36 an *Fertigungsgemeinkosten* rechnen.

Nun kommen wir zu den *Verwaltungs-* und den *Vertriebsgemeinkosten*. Diese konnten wir Dank des BAB ermitteln, nur können wir als *Zuschlaggrundlage* keine Einzelkosten zu Hilfe nehmen. Hier verfahren wir anders. Die Basis für die Berechnung der Zuschlagsätze sind die so genannten *Herstellkosten der Fertigung*. Dieser Begriff ist neu, aber selbsterklärend: Welche Kosten hat die *Herstellung* verursacht? Ganz einfach: Alle *Einzelkosten* und alle *Gemeinkosten* aus den HKS *Material* und *Fertigung*!

1.325.482,00		**291.828,68 €**	**461.439,48 €**
	Einzelkosten	**5.760.935,00 €**	**1.975.690,00 €**
Gemeinkostenzuschlagsatz		5,07%	23,36%

Rechnerisch sind dies also:

€ 291.828,68 + € 5.760.935,00 + € 461.439,48 + € 1.975.690,00

= € 8.489.893,16

Diesen Wert übernehmen wir in die Zelle *Einzelkosten* der Spalten *HKS Verwaltung* und *HKS Vertrieb* des BAB (Der Übersicht halber, habe ich die Spalte *Material* und *Fertigung* ausgeblendet).

1.325.482,00		169.618,44 €	402.595,40 €
	Einzelkosten	**8.489.893,16 €**	**8.489.893,16 €**
Gemeinkostenzuschlagsatz			

Nun können wir auch diese Zuschlagsätze ermitteln, indem wir wie bei *Material* und *Fertigung* verfahren sind: Die *Einzelkosten* entsprechen 100% und die *Gemeinkosten* entsprechen „x".

Der *Verwaltungsgemeinkosten-Zuschlagsatz (VwGKZ)* lautet 2,00% und der *Vertriebsgemeinkosten-Zuschlagsatz (VtGKZ)* 4,74%.

1.325.482,00		169.618,44 €	402.595,40 €
	Einzelkosten	8.489.893,16 €	8.489.893,16 €
	Gemeinkostenzuschlagsatz	**2,00%**	**4,74%**

Kalkulation der Verkaufspreise

Wie am Anfang beschrieben, geht es in der Kosten- und Leistungsrechnung letztendlich darum, unter Berücksichtigung aller Risiken, für die von uns angebotenen Produkte einen *marktgerechten* Verkaufspreis kalkulieren zu können. Also einen VK-Preis, der uns vor bösen Überraschungen bewahrt und dennoch konkurrenzfähig ist.
Mit Hilfe des *Betriebsabrechnungsbogens* konnten wir die *Zuschlagsätze* ermitteln, die wir beim Einsatz von Material und Lohn zusätzlich einplanen müssen. Diese Zuschlagsätze basieren – wie erwähnt – auf Erfahrungswerten. Nichts, was ewigen Bestand hat, jedoch hat uns die über vielleicht Jahrzehnte währende Möbel-Produktion das erforderliche Know-how mitgegeben.

Nehmen wir einmal an, dass wir für ein neues Möbelstück mit € 257,00 an *Fertigungsmaterial* und € 186,00 an *Fertigungslöhnen* zu rechnen haben, Zudem gibt es eine feste Vorgabe für den *Gewinnaufschlag* von 75%. Dieser Gewinn soll in jedem Fall realisiert werden.

Übernehmen wir diese Werte und die im BAB errechneten Zuschlagsätze in das Schema der *Vorwärtskalkulation*.

„Vorwärts" deshalb, weil wir auf die jeweiligen, vorgegebenen Werte und die einzelnen Zwischensummen die *Zuschlagsätze* aufrechnen. Im Kaufmännischen Rechnen spricht man von der Rechnung *von Hundert*.

Schauen wir uns aber nun das Schema an:

Kalkulationsschema

Vowärtskalkulation

Fertigungsmaterial	←	*Materialeinsatz - wie vorgegeben - mit € 257,00*
+ Materialgemeinkosten	←	*...ausgedrückt durch den Zuschlagsatz in % (5,07)*
= Materialkosten	←	*... ist die Summe auf Fertigungsmaterial und MGK*
Fertigungslöhne	←	*Löhne - wie vorgegeben - mit € 186,00*
+ Fertigungsgemeinkosten	←	*...ausgedrückt durch den Zuschlagsatz in % (23,36)*
= Fertigungskosten	←	*... ist die Summe auf Fertigungslöhnen und FGK*
= Herstellkosten der Fertigung	←	*...ist die Summe aus "Materialkosten" und "Fertigungskosten"*
+ Verwaltungsgemeinkosten	←	*Gemäss BAB 2,00% von den "Herstellkosten der Fertigung"*
+ Vertriebsgemeinkosten	←	*Gemäss BAB 4,74% von den "Herstellkosten der Fertigung"*
= Selbstkosten	←	*...ist die Summe aus Herstellkosten plus VWGK und VTGK*
+ Gewinnzuschlag	←	*Auf die Selbstkosten schlagen wir die vorgegeben 75%...*
= Barverkaufspreis	←	*...und erhalten den Barverkaufspreis.*

Nun befüllen wir das Schema mit *echten Zahlen*, um den Barverkaufspreis auch wirklich zu berechnen.

Kalkulationsschema

Vowärtskalkulation

Fertigungsmaterial		257,00 €
+ Materialgemeinkosten	5,07%	13,03 €
= Materialkosten		270,03 €
Fertigungslöhne		186,00 €
+ Fertigungsgemeinkosten	23,36%	43,45 €
= Fertigungskosten		229,45 €
= Herstellkosten der Fertigung		499,48 €
+ Verwaltungsgemeinkosten	2,00%	9,99 €
+ Vertriebsgemeinkosten	4,74%	23,68 €
= Selbstkosten		533,14 €
+ Gewinnzuschlag	75,00%	399,86 €
= Barverkaufspreis		933,00 €

Sie sehen, dass das *richtige Schema* relativ gerafft aussieht. Auch die Industrie- und Handelskammer verwendet diese *enge Variante.* Und dies kann nicht den Sinn haben, Druckkosten zu sparen, sondern soll – aus meiner Sicht - dazu beitragen, Verwirrung zu stiften. So kann es auch vorkommen, dass das Schema ganz ohne mathematische Vorzeichen auskommen muss:

Kalkulationsschema

Vowärtskalkulation

Fertigungsmaterial		257,00 €
Materialgemeinkosten	5,07%	13,03 €
Materialkosten		270,03 €
Fertigungslöhne		186,00 €
Fertigungsgemeinkosten	23,36%	43,45 €
Fertigungskosten		229,45 €
Herstellkosten der Fertigung		499,48 €
Verwaltungsgemeinkosten	2,00%	9,99 €
Vertriebsgemeinkosten	4,74%	23,68 €
Selbstkosten		533,14 €
Gewinnzuschlag	75,00%	399,86 €
Barverkaufspreis		933,00 €

Wie es auch kommt: Sie sind nun auf alle *Gemeinheiten* vorbereitet.

Unterstellen wir nun, dass wir auf Basis des von uns errechneten *Barverkaufspreis* von € 933,00 ein Angebot an unseren Kunden *Living & More* geschickt haben. Nach reiflichen Überlegungen tritt dieser an uns heran und sagt, wir könnten nur bei einem Bar-VK von € 900,00 ins Geschäft kommen.

Nun kommt die Aufgabe, die Herr Holz an uns richtet: „Männer, wie hoch wäre der verbleibende Gewinn in Euro und Prozent, wenn wir auf das Kaufangebot von *Living & More* eingehen, unser Einkauf es aber *zusätzlich* schafft, die Kosten für das *Fertigungsmaterial* auf € 252,00 zu senken? Nutzen wir dafür die…

Kalkulationsschema

Differenzkalkulation

Fertigungsmaterial		257,00 €	← neu: 252,00
Materialgemeinkosten	5,07%	13,03 €	
Materialkosten		270,03 €	
Fertigungslöhne		186,00 €	
Fertigungsgemeinkosten	23,36%	43,45 €	
Fertigungskosten		229,45 €	
Herstellkosten der Fertigung		499,48 €	
Verwaltungsgemeinkosten	2,00%	9,99 €	
Vertriebsgemeinkosten	4,74%	23,68 €	
Selbstkosten		533,14 €	
Gewinnzuschlag	75,00%	399,86 €	← neu: ? %
Barverkaufspreis		933,00 €	← neu: 900,00

Ich habe für Sie die sich ändernden Positionen markiert und wir schauen nun, wie sich die gesunkenen Kosten für das *Fertigungsmaterial* bis zu den *Selbstkosten* auswirken. Um den geänderten Bar-VK kümmern wir uns später.

Kalkulationsschema

Differenzkalkulation

Fertigungsmaterial		252,00 €	←
Materialgemeinkosten	5,07%	12,78 €	←
Materialkosten		264,78 €	←
Fertigungslöhne		186,00 €	
Fertigungsgemeinkosten	23,36%	43,45 €	
Fertigungskosten		229,45 €	
Herstellkosten der Fertigung		494,23 €	←
Verwaltungsgemeinkosten	2,00%	9,88 €	←
Vertriebsgemeinkosten	4,74%	23,43 €	←
Selbstkosten		527,54 €	←

Alle mit einem Pfeil markierten Beträge haben sich in Folge der Preisanpassung beim *Fertigungsmaterial* geändert. Die *Selbstkosten*betragen nun nicht mehr € 533,14, sondern nur noch € 527,54.betragen nun nicht mehr € 533,14, sondern nur noch € 527,54.

Kommen wir nun zu dem maximal akzeptierten Preis unseres Kunden.

Das verkürzte Schema stellt sich so dar:

Kalkulationsschema **Differenzkalkulation**	
Selbstkosten	527,54 €
Gewinnzuschlag	- €
Barverkaufspreis	900,00 €

Die *Selbstkosten* (€ 527,54) und der *Barverkaufspreis* (€ 900,00) stehen fest und wir können nun das Δ - unseren *verbleibenden Gewinn* – errechnen. Der lautet auf € 372,46.

Im nächsten Schritt errechnen wir den verbleibenden *Gewinnzuschlag in %*, in dem wir die neuen *Selbstkosten* mit 100 gleichsetzen:

€ 372,46 • 100 ÷ € 527,54 = 70,6030177 = 70,60%.

Bei Annahme des Kaufangebotes durch *Living & More* würde unser Gewinn trotz der geringeren Kosten für das Fertigungsmaterial um 4,40% kleiner ausfallen.

Übertragen wir nun alles in das Kalkulationsschema. Die geänderten Vorgaben habe ich fett dargestellt.

Kalkulationsschema

Differenzkalkulation

Fertigungsmaterial		**252,00 €**
Materialgemeinkosten	5,07%	12,78 €
Materialkosten		264,78 €
Fertigungslöhne		186,00 €
Fertigungsgemeinkosten	23,36%	43,45 €
Fertigungskosten		229,45 €
Herstellkosten der Fertigung		494,23 €
Verwaltungsgemeinkosten	2,00%	9,88 €
Vertriebsgemeinkosten	4,74%	23,43 €
Selbstkosten		527,54 €
Gewinnzuschlag	**70,60%**	**372,46 €**
Barverkaufspreis		**900,00 €**

Sie erinnern sich, dass die im Schema verwendeten Zuschlagsätze auf den *Erfahrungen aus früheren Perioden* beruhen. Auf Basis dieser hatten wir den Bar-VK kalkuliert, den alle Kunden außer *Living & More* akzeptierten.

Relativ zeitnah, nach Aufnahme der Produktion des neuen Möbels müssen wir kontrollieren, ob die Kalkulation der Realität entspricht oder ob wir den Verkaufspreis nachbessern sollten. Diesen Vorgang nennt man *Nachkalkulation.*

Eine solche *Nachkalkulation* kann erforderlich sein, wenn sich zum Beispiel die Kosten für das Fertigungsmaterial geändert haben oder unsere Mitarbeiter weniger Zeit für den Bau des Möbelstückes benötigen. Wir unterstellen dabei, dass das *Fertigungsmaterial* abermals auf € 248,50 reduziert und dass die Löhne um 10% auf € 167,40 gesenkt werden konnten. Die Gewinnvorgabe von 75% bleibt bestehen.

Kalkulationsschema

Nachkalkulation

	Vorkalkulation		Nachkalkulation	
Fertigungsmaterial		252,00 €		**248,50 €**
Materialgemeinkosten	5,07%	12,78 €	5,07%	12,60 €
Materialkosten		264,78 €		261,10 €
Fertigungslöhne		186,00 €		**167,40 €**
Fertigungsgemeinkosten	23,36%	43,45 €	23,36%	39,10 €
Fertigungskosten		229,45 €		206,50 €
Herstellkosten der Fertigung		494,23 €		467,60 €
Verwaltungsgemeinkosten	2,00%	9,88 €	2,00%	9,35 €
Vertriebsgemeinkosten	4,74%	23,43 €	4,74%	22,16 €
Selbstkosten		527,54 €		499,12 €
Gewinnzuschlag	76,86%	405,46 €	76,86%	383,62 €
Barverkaufspreis		933,00 €		**882,74 €**

Der neue *Barverkaufspreis* konnte dank des rationalen Einsatzes von Material und Arbeitskraft auf € 882,74 gesenkt werden.

Für den Fall, dass Herr Holz, auf dessen Wunsch unseren Kunden ja bereits der *ursprüngliche Barverkaufspreis* von € 900,00 angeboten worden war, es bei diesem belassen will, erhöht sich automatisch der mögliche Gewinn je Möbelstück:

Kalkulationsschema

Nachkalkulation

	Vorkalkulation		Nachkalkulation	
Fertigungsmaterial		252,00 €		248,50 €
Materialgemeinkosten	5,07%	12,78 €	5,07%	12,60 €
Materialkosten		264,78 €		261,10 €
Fertigungslöhne		186,00 €		167,40 €
Fertigungsgemeinkosten	23,36%	43,45 €	23,36%	39,10 €
Fertigungskosten		229,45 €		206,50 €
Herstellkosten der Fertigung		494,23 €		467,60 €
Verwaltungsgemeinkosten	2,00%	9,88 €	2,00%	9,35 €
Vertriebsgemeinkosten	4,74%	23,43 €	4,74%	22,16 €
Selbstkosten		527,54 €		499,12 €
Gewinnzuschlag	76,86%	405,46 €	**86,93%**	**433,88 €**
Barverkaufspreis		933,00 €		933,00 €

Der *Gewinnzuschlag* konnte auf 86,93%, bzw. auf € 433,88 gesteigert werden. Selbstverständlich kann es auch passieren, dass sich die Konditionen für Material und Lohn verschlechtern und Herr Holz mit einem geringeren Gewinn leben muss.

Die Normalzuschlagsätze

Unter dem Begriff *Normalzuschlagsätze* versteht man die Prozentsätze, die *normalerweise*, aus unserer Erfahrung heraus, angesetzt werden müssen. Diese basieren zum Beispiel auf den Zahlen der vergangenen zwölf Monate. Diese sind nach unserem Verständnis eben *normal*.

Die Ist-Zuschlagsätze

Als *Ist-Zuschlagsatz* bezeichnet man die Zuschläge, die sich im Zuge der *Nachkalkulation* ergeben. Angenommen, eine Neuberechnung unseres *Betriebsabrechnungsbogens* ergibt einen geänderten Materialgemeinkosten-Zuschlagsatz, dann müssten wir unsere *Nachkalkulation* mit dem geänderten Prozentsatz füllen. Dieser neue Zuschlagsatz wäre dann der *Ist-Zuschlagsatz.*

Die Kostenüberdeckung und Kostenunterdeckung

Haben wir für unser Produkt, zum Beispiel den *Bürotisch Fantastico,* mit Kosten in Höhe von € 369,00 gerechnet und die tatsächlichen Kosten, die wir im Zuge der *Nachkalkulation* errechnet haben, weichen nach unten ab, so sprechen wir von einer *Kostenüberdeckung.* Wir haben mit zu hohen Kosten gerechnet.

Kommt es dazu, dass unsere Vorkalkulation ergibt, dass der *Bürotisch Fantastico* € 350,00 an Kosten verursacht, im Zuge der *Nachkalkulation* aber herauskommt, dass es tatsächlich € 365,00 sind, so haben wir eine *Kostenunterdeckung* von € 15,00.

Die Deckungsbeitragsrechnung

Das Thema der *Deckungsbeitragsrechnung* ist für Unternehmen so wichtig, dass es auch das Autorenteam der IHK immer wieder in den Prüfungen von Kaufleuten hervorholt.
Auch wenn Sie jetzt wieder zu resignieren drohen: Ja, es ist ein neuer Begriff der KLR! Dennoch erklärt sich auch dieser selbst. Passen Sie auf!

Wenn wir vom *Deckungsbeitrag* und dessen Berechnung sprechen, so geht es um den *Beitrag* der Umsatzerlöse zur *Deckung der fixen Kosten.* Anders ausgedrückt: Wieviel Euro bleiben von den Umsatzerlösen nach Abzug der *variablen Kosten* übrig, um die *fixen Kosten* ganz oder teilweise zu decken, zu bezahlen? Und diese Berechnungen beziehen sich auf eine Möbelserie oder ein Möbelstück. Wir betrachten also nur einen *Teil* der betrieblichen Gesamtkosten. Deshalb bezeichnet man die Deckungsbeitragsrechnung als *Teilkostenrechnung.*

Nehmen wir unser Beispiel aus der soeben behandelten *Nachkalkulation.* Danach können wir pro Möbelstück einen Umsatzerlös von € 933,00 generieren. Dadurch, dass wir ein Möbelstück produziert haben, sind *variable Kosten* in Höhe von € 415,90 (Fertigungsmaterial € 248,50 und Fertigungslöhne € 167,40) angefallen. Diese *variablen Kosten* entstehen *beschäftigungsabhängig*: Keine Fertigung – keine variablen Kosten!

Der Übersicht halber rechnen wir:

Umsatzerlöse	€ 933,00
-variable *Stück*kosten	€ 415,90
=*Stück*deckungsbeitrag	**€ 517,10**

Mit € 517,10 trägt ein Möbel*stück* zur Deckung der fixen Kosten bei. *Ein* Möbel*stück* eben. Somit sprechen wir vom *Stückdeckungsbeitrag*.

Fertigen wir zum Beispiel 1.000 Stück dieses Möbels, so sieht die *Deckungsbeitragsrechnung* wie folgt aus:

Umsatzerlöse	€ 933.000,00
-variable *Gesamt*kosten	€ 415.900,00
=*Gesamt*deckungsbeitrag	**€ 517.100,00**

Der *Beitrag* der Umsatzerlöse aus der Fertigung dieser Möbelserie zur *Deckung* der fixen Kosten ist mit € 517.100,00 zu beziffern.

Das klingt relativ theoretisch, deshalb füllen wir den Begriff *fixe Kosten* mit Leben. Wir addieren die Kosten aus der *Ergebnistabelle*, die wir als *fix* ansehen können, weil sie unabhängig von der Beschäftigung entstehen.

Die *fixen Gesamtkosten* (*Summe aus Gehältern, Leasing, Kfz-Steuer, kalkulatorischer Abschreibung, Zinsen, Miete, Unternehmerlohn und Wagnissen*) betragen € 1.093.150,00.

Somit sorgt die eine Möbelserie dafür, dass nahezu die Hälfte unserer *fixen Gesamtkosten* gedeckt wird. Aber eben nicht 100%, was zu einer *Kostendeckung* führen würde.

Der Break-even-Point (BEP)

Nun tritt unser Geschäftsführer, Felix Holz, an uns heran und fragt, wie viele dieser Möbelstücke denn gefertigt werden müssten, um *Kostendeckung* zu erreichen. Man nennt diesen Wert auch *Break-even-Point*. Wir wollen das gerne für ihn ausrechnen:

Fixe Gesamtkosten € 1.093.150,00 ÷ Stückdeckungsbeitrag € 517,10

= 2.114 Stück

Bei einer Fertigung von 2.114 Stück zum Verkaufspreis von jeweils € 933,00 wären also sowohl die *variablen Kosten*, als auch die *fixen Kosten* gedeckt. Jedoch hätten wir auch bei dieser Stückzahl (*Break-even-Point*) noch *keinen Gewinn* erwirtschaftet!

„Von welcher Menge an würden wir denn einen Gewinn erwirtschaften?“, fragt Herr Holz. „Ab einer Stückzahl von 2.115. Dann würde unser Gewinn € 517,10 betragen“, entgegnen wir keck.

Nach kurzem Grübeln reagiert Herr Holz auf unsere Berechnung und sagt: „Wenn wir es bei der nächsten Möbelmesse in Köln schaffen, Aufträge in einem Umfang von 3.114 Stück zu schreiben, dann würden wir einen Gewinn von 1.000 mal € 517,10, also von € 517.100 machen?

Wahnsinn! Leute, ich habe keine Zeit mehr. 'Muss dringend in den Vertrieb!" Spricht's und verschwindet in Richtung des Vertriebsleiters.

Herr Holz hat aber richtig gerechnet. Ab dem Erreichen des *Break-even-Points* steigt unser Gewinn pro Möbelstück um € 517,10; um den *Stückdeckungsbeitrag*.

Grafische Ermittlung des Break-even-Points

Neben der rechnerischen Ermittlung, können wir den *Break-even* auch grafisch ermitteln. Probieren wir dies anhand der folgenden Informationen aus:
Für einen Auftrag liegen die *auftragsbezogenen fixen Kostenvariablen Stückkosten* betragen € 50,00. Als Umsatzerlös pro Stück können wir von € 200,00 ausgehen. betragen € 50,00. Als Umsatzerlös pro Stück können wir von € 200,00 ausgehen.

Bei welcher Stückzahl erreichen wir die *Gewinnschwelle*, den *Break-even-Point*?

Tragen Sie in das Raster zuerst die Kurve mit den *proportional steigenden Gesamtumsätzen* ein. Pro Stück sind dies € 200,00.

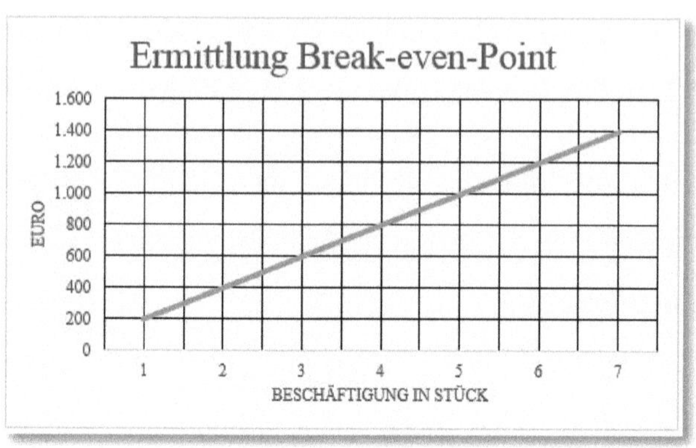

Danach ergänzen Sie das Raster um die Kurve der *Gesamtkosten*. Diese sind jeweils die Summe aus € 900,00 an *fixen Kosten* und *variablen Stückkosten* von € 50,00 (1 Stück = € 900,00 + € 50,00 = € 950,00, 2 Stück = € 1.000,00 usw.).

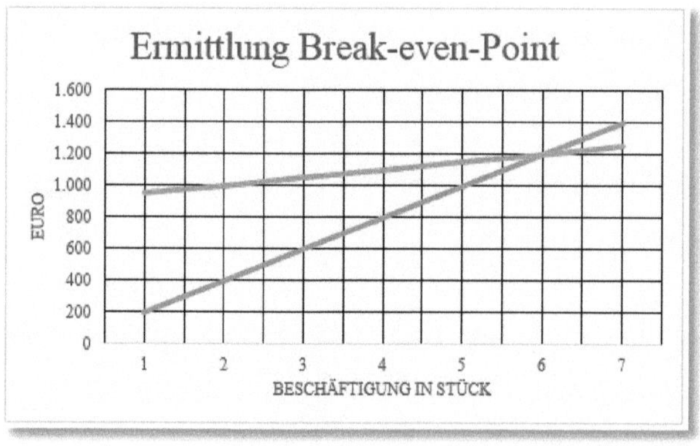

Nun müssen Sie von dem Punkt aus, an dem die Kurve der *Gesamtkosten* die Kurve der *Umsatzerlöse* schneidet, einen vertikalen

Strich ziehen und können unten das angeforderte Ergebnis (den *Break-even-Point* in Stück) ablesen:

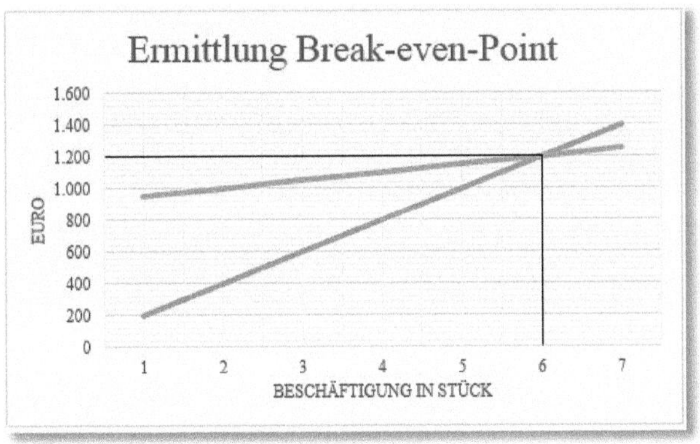

Wir können der grafischen Umsetzung der Werte entnehmen, dass der BEP bei einer Beschäftigung, einer Stückzahl von 6 Stück erreicht würde.

Nun kennen Sie ja die gesamten *Umsatz-* und die *Kostenverläufe* in- und auswendig. Das wünscht sich auch die IHK und präsentiert mit bestimmter Regelmäßigkeit eine „anonymisierte" Grafik, bei der es die Aufgabe der Prüflinge ist, die einzelnen, grafisch dargestellten Verläufe, bzw. den *einen* Punkt zu benennen.

Wollen Sie es einmal probieren?

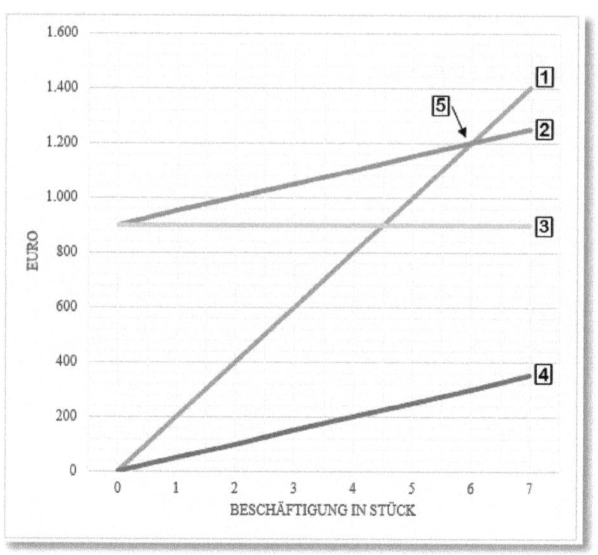

Am einfachsten ist es, die *fixen Kosten* zu bestimmen. Diese fallen unabhängig von der *Beschäftigung* an: 3. Die *variablen Kosten* entstehen auch erst mit der Produktion des ersten Möbels und steigen proportional an: 4. Die Summe aus fixen und variablen Kosten sind die *Gesamtkosten:* 2. Die *Umsatzerlöse (Leistungen)* 1 sind erst ab dem ersten Möbelstück >0. Auch sie steigen proportional und schneiden bei einer bestimmten Stückzahl die *Gesamtkostenkurve*. Und dieser Schnittpunkt 5 ist der *Break-even-Point*.

Die Preisuntergrenzen

Die „Fantastic Furniture OHG“ kann in die Situation kommen, dass wegen einer erheblichen, zum Beispiel rezessionsbedingten Absatzflaute, kaum noch hochwertige Möbel am Markt abzusetzen sind. Dennoch ist Herr Holz verpflichtet, die mit den Produktionsmitarbeitern geschlossenen Verträge zu erfüllen; sprich, diese zu bezahlen. In solchen Krisenzeiten müssen wir also zusehen, Möbel am Markt abzusetzen und uns dabei – wenn auch Zähne knirschend – vorübergehend von den Gewinnvorgaben zu verabschieden. Dennoch sind bestimmte *Preisuntergrenzen* zu beachten.
Zum einen spricht man in der KLR von der *kurzfristigen Preisuntergrenze.* Was meinen Sie, welche Kosten müssen *kurzfristig* auf jeden Fall gedeckt werden?

Wenn wir, wie gesagt, in der Verpflichtung stehen, die *Fertigungslöhne* unabhängig von der Beschäftigung zu zahlen und wenn wir zudem unterstellen können, das uns durch die Verwendung des *Fertigungsmaterials* Kosten entstehen, so entspricht die Summe aus beidem der *kurzfristigen Preisuntergrenze.*

Und das sind die in unserem zuvor genannten Beispiel die *variablen Stückkosten* in Höhe € 415,90.

Bei der Einhaltung der *kurzfristigen Preisuntergrenze* vernachlässigen wir also völlig die angestrebte Deckung der fixen Kosten. Auf Dauer würde es uns natürlich wirtschaftlich das Genick brechen.

Dank dieses Wissens kommen wir auch recht leicht auf die Höhe der *langfristigen Preisuntergrenze variablen*, als auch *fixen Kosten* gedeckt sind. *Das* muss unser *langfristiges Ziel* sein. sein.

Die Wirtschaftlichkeit von Zusatzaufträgen

In einem zuvor genannten Beispiel ging es um die Fertigung von 1.000 Stück Möbeln und die daraus resultierenden Auswirkungen auf die *Deckung der fixen Kosten.* Teilweise (€ 517.100,00) war es uns gelungen, die *fixen Gesamtkosten* (€ 1.093.150,00) zu decken. Angenommen, die Kölner Möbelmesse würde für uns nicht den erhofften Erfolg mit sich bringen, wir hätten aber Kontakt zu einem großen nordamerikanischen Möbel-Filialisten bekommen. Dieser macht uns den Vorschlag, 800 Stück unserer Möbelserie, für die eigentlich ein Bar-VK von € 933,00 pro Stück vorgesehen war, zu einem Stückpreis von € 800,00 zu liefern.

Eine neu aufgestellte *Deckungsbeitragsrechnung* würde dann so aussehen:

Umsatzerlöse € 800,00

-variable *Stück*kosten € 415,90

=*Stück*deckungsbeitrag € 384,10

Dieser DB läge fern von unserer ursprünglichen Planung. Sollten wir den Auftrag aus Nordamerika trotzdem annehmen?

Ja, denn auch wenn die *langfristige Preisuntergrenze* nicht erreicht ist, trägt dieser Auftrag *trotzdem* zur teilweisen *Deckung* unserer *fixen Gesamtkosten* bei. Bei 800 verkauften Stück wären dies € 307.280,00.

Auch würde es Sinn machen, solche Aufträge – selbst bei einem noch geringeren Verkaufspreis – anzunehmen, wenn wir dadurch peu à peu eine Deckung der fixen Kosten erreichen.

Gewinnoptimales Produktionsprogramm

Neben den einzelnen Zahlen und deren Aktualität müssen wir auch unser Produktionsprogramm kritisch beleuchten. Führen wir zum Beispiel einen Artikel im Sortiment, den wir im Marketing-Jargon als „Penner￼ dessen Annahme verhindern würde?

Unser Hauptaugenmerk muss in der *Gewinnoptimierung* liegen. Sowohl bei der Beratschlagung, ob unser Sortiment umgestellt, ergänzt oder reduziert werden sollte, als auch dann, wenn es um eben diese möglichen Zusatzaufträge geht.

Sehen wir uns zuerst das aktuelle Sortiment an:

	Produkt Bürotisch Fantastico	Bürostuhl Fantastico	Büroschrank Future	Bürotisch Black Mamba	Summe
Umsatzerlöse	123.400,00 €	14.922,00 €	153.600,00 €	89.500,00 €	381.422,00 €
Variable Kosten	80.700,00 €	12.400,00 €	102.353,00 €	53.516,00 €	248.969,00 €
Deckungs-beitrag	42.700,00 €	2.522,00 €	51.247,00 €	35.984,00 €	132.453,00 €
Auslastung der Kapazität	31%	5%	33%	20%	89%

Wir können feststellen, dass unsere *Maximalkapazität* zu 89% ausgeschöpft ist. Unsere *fixen Gesamtkosten* von € 112.500,00 sind mehr als gedeckt und wir erwirtschaften ein *positives Betriebsergebnis*.

Unser Hauptkunde, Living & More aus Las Vegas (USA), tritt an uns heran und stellt in Aussicht, den Schrank „MGM Super-Cupboard“ bei uns fertigen zu lassen.

Wir kalkulieren für diesen Artikel die variablen Kosten und kommen zu folgendem Ergebnis:

- Fertigungsmaterial € 85.700,00
- Fertigungslöhne € 72.400,00
- Umsatzerlöse* € 263.500,00

**) nach dem aktuellen Wechselkurs US-$ - Euro*

Durch Annahme *dieses* Auftrages hätten wir eine Kapazitätsausnutzung von 26%,

Unsere Aufgabe ist es nun, dem Geschäftsführer Zahlen zu liefern. Und eine Empfehlung aus Sicht der Kostenrechnung.

Unterstellen wir einmal, dass – wenn wir uns für eine Bereinigung des Sortiments entscheiden – unsere Marktposition nicht gefährdet würde.

Zudem haben wir in der Vergangenheit festgestellt, dass unsere Auslastung niemals größer als 90% sein sollte, da sich nur bis zu dieser Größe der Ausschuss und die Fehlzeitenquote unserer Mitarbeiter in Grenzen halten.

Schauen wir uns die Tabelle noch einmal genauer an und markieren die Produkte, die den geringsten Beitrag zum Betriebsergebnis leisten:

	Produkt				
	Bürotisch Fantastico	Bürostuhl Fantastico	Büroschrank Future	Bürotisch Black Mamba	Summe
Umsatzerlöse	123.400,00 €	14.922,00 €	153.600,00 €	89.500,00 €	381.422,00 €
Variable Kosten	80.700,00 €	12.400,00 €	102.353,00 €	53.516,00 €	248.969,00 €
Deckungs-beitrag	42.700,00 €	2.522,00 €	51.247,00 €	35.984,00 €	132.453,00 €
Auslastung der Kapazität	31%	5%	33%	20%	89%

Es sind der *Bürostuhl Fantastico* und der *Bürotisch Black Mamba.* Beide tragen mit 25% zur Kapazitätsauslastung bei und haben mit insgesamt € 38.506,00 Anteil an der Deckung der fixen Kosten und darüber hinaus am positiven Betriebsergebnis.

Übernehmen wir nun – zur Probe – die Zahlen für den *MGM-Super-Cupboard* in unsere Tabelle und lassen beide eben genannten Produkte bei Seite.

	Produkt			
	Bürotisch Fantastico	MGM Super-Cupboard	Büroschrank Future	Summe
Umsatzerlöse	123.400,00 €	263.500,00 €	153.600,00 €	540.500,00 €
Variable Kosten	80.700,00 €	158.100,00 €	102.353,00 €	341.153,00 €
Deckungs-beitrag	42.700,00 €	105.400,00 €	51.247,00 €	199.347,00 €
Auslastung der Kapazität	31%	26%	33%	90%

Mit Änderung des Sortiments kämen wir also zu den folgenden Ergebnissen:

- Die Auslastung der Kapazität läge bei 90% 👍
- Der Gesamtdeckungsbeitrag läge um € 66.894,00 höher 👍
- Das Betriebsergebnis würde auf € 86.847,00 steigen 👍

Somit spricht alles für die Bereinigung des Sortiments und die Annahme des Auftrages von *Living & More*.

Auszug aus dem Industriekontenrahmen

Konto	Beschreibung
0700	Technische Anlagen und Maschinen
0870	Büromöbel und sonstige Geschäftsausstattung
0890	Geringwertige Wirtschaftsgüter (GWG)
0895	GWG-Sammelposten
2000	Rohstoffe
2400	Forderungen aus Lieferungen und Leistungen
2600	Vorsteuer 19%
2604	Einfuhrumsatzsteuer
2800	Bank "Sparkasse Lippstadt"
2880	Kasse
3000	Eigenkapital/Kapital
4250	Verbindlichkeiten aus Bankdarlehen
4400	Verbindlichkeiten Lieferungen und Leistungen
4800	Umsatzsteuer 19%
5000	Erlöse eigene Erzeugnisse
5001	Erlösberichtigung eigene Erzeugnisse
5420	Entnahme von Gegenständen und Leistungen
6000	Aufwendungen Rohstoffe
6001	Bezugskosten Rohstoffe
6002	Nachlässe Rohstoffe
6020	Aufwendungen Hilfsstoffe
6021	Bezugskosten Hilfsstoffe
6022	Nachlässe Hilfsstoffe
6030	Aufwendungen Betriebsstoffe
6031	Bezugskosten Betriebsstoffe
6032	Nachlässe Betriebsstoffe
6080	Aufwendungen Waren
6200	Aufwendungen Löhne

6400	Sozialversicherungsbeiträge
6520	Abschreibung auf Sachanlagen
6540	Abschreibung auf GWG
6541	Abschreibung auf GWG-Sammelposten
6770	Rechts- und Beratungskosten
6821	Bewirtungskosten
6930	Sonstige betriebliche Aufwendungen
6960	Periodenfremde Aufwendungen
7030	Kfz-Steuer
8000	Eröffnungsbilanzkonto
8010	Schlussbilanzkonto
8020	Gewinn- und Verlustkonto
24001	Forderungen "Frascati S.r.l. (I)"
24002	Forderungen "Möbel Unger"
24003	Forderungen "Furniture Dumping"
24004	Forderungen "Living & More (USA)"
44001	Verbindlichkeiten "Naturholz AG"
44002	Verbindlichkeiten "Molotov RUS"
44003	Verbindlichkeiten "Osse Schmierstoffe"
44004	Verbindlichkeiten "Horizont Beschläge"
44005	Verbindlichkeiten "Joule S.a.r.l. (F)"
44006	Verbindlichkeiten "Technologie AG"
44007	Verbindlichkeiten "Koscher GmbH"
44008	Verbindlichkeiten "Dübelfix GbR"

Formular Umsatzsteuer-Voranmeldung 2016

2016

Fallart	Steuernummer	Unter-fallart
11		56

30

Finanzamt

Umsatzsteuer-Voranmeldung 2016

Voranmeldungszeitraum

16 01	16 07	16 41		
16 02	16 08	16 42		
16 03	16 09	16 43		
16 04	16 10	16 44		
16 05	16 11			
16 06	16 12			

Berichtigte Anmeldung — 10

Belege — 22

I. Anmeldung der Umsatzsteuer-Vorauszahlung

	Kz	Bemessungsgrundlage ohne Umsatzsteuer (volle EUR)	Kz	Steuer (EUR, Ct)
Lieferungen und sonstige Leistungen				
Steuerfreie Umsätze mit Vorsteuerabzug				
Innergemeinschaftliche Lieferungen	41			
	44			
	49			
	43			
Steuerfreie Umsätze ohne Vorsteuerabzug	48			
Steuerpflichtige Umsätze				
zum Steuersatz von 19 %	81			
zum Steuersatz von 7 %	86			
zu anderen Steuersätzen	35		36	
	77			
	76		80	
Innergemeinschaftliche Erwerbe				
Steuerfreie innergemeinschaftliche Erwerbe	91			
Steuerpflichtige innergemeinschaftliche Erwerbe zum Steuersatz von 19 %	89			
zum Steuersatz von 7 %	93			
zu anderen Steuersätzen	95		98	
neuer Fahrzeuge	94		96	
Ergänzende Angaben zu Umsätzen				
	42			
	68			
	60			
Nicht steuerbare sonstige Leistungen	21			
Übrige nicht steuerbare Umsätze	45			
Übertrag		zu übertragen in Zeile 45		

USt 1 A

Steuernummer:

		Bemessungsgrundlage ohne Umsatzsteuer volle EUR		Steuer EUR	Ct
Übertrag					
Leistungsempfänger als Steuerschuldner (§ 13b UStG)					
Steuerpflichtige sonstige Leistungen eines im übrigen Gemeinschaftsgebiet ansässigen Unternehmers (§ 13b Abs. 1 UStG)	46		47		
Andere Leistungen eines im Ausland ansässigen Unternehmers (§ 13b Abs. 2 Nr. 1 und 5 Buchst. a UStG)	52		53		
Lieferungen sicherungsübereigneter Gegenstände und Umsätze, die unter das GrEStG fallen (§ 13b Abs. 2 Nr. 2 und 3 UStG)	73		74		
Lieferungen von Mobilfunkgeräten, Tablet-Computern, Spielekonsolen und integrierten Schaltkreisen (§ 13b Abs. 2 Nr. 10 UStG)	78		79		
Andere Leistungen (§ 13b Abs. 2 Nr. 4, 5 Buchst. b, Nr. 6 bis 9 und 11 UStG)	84		85		
Steuer infolge Wechsels der Besteuerungsform sowie Nachsteuer auf versteuerte Anzahlungen u. ä. wegen Steuersatzänderung			65		
Umsatzsteuer					
Abziehbare Vorsteuerbeträge					
Vorsteuerbeträge aus Rechnungen von anderen Unternehmern (§ 15 Abs. 1 Satz 1 Nr. 1 UStG), aus Leistungen im Sinne des § 13a Abs. 1 Nr. 6 UStG (§ 15 Abs. 1 Satz 1 Nr. 5 UStG) und aus innergemeinschaftlichen Dreiecksgeschäften (§ 25b Abs. 5 UStG)			66		
Vorsteuerbeträge aus dem innergemeinschaftlichen Erwerb von Gegenständen (§ 15 Abs. 1 Satz 1 Nr. 3 UStG)			61		
Entstandene Einfuhrumsatzsteuer (§ 15 Abs. 1 Satz 1 Nr. 2 UStG)			62		
Vorsteuerbeträge aus Leistungen im Sinne des § 13b UStG (§ 15 Abs. 1 Satz 1 Nr. 4 UStG)			67		
Vorsteuerbeträge, die nach allgemeinen Durchschnittssätzen berechnet sind (§§ 23 und 23a UStG)			63		
Berichtigung des Vorsteuerabzugs (§ 15a UStG)			64		
Vorsteuerabzug für innergemeinschaftliche Lieferungen neuer Fahrzeuge außerhalb eines Unternehmens (§ 2a UStG) sowie von Kleinunternehmern im Sinne des § 19 Abs. 1 UStG (§ 15 Abs. 4a UStG)			59		
Verbleibender Betrag					
Andere Steuerbeträge In Rechnungen unrichtig oder unberechtigt ausgewiesene Steuerbeträge (§ 14c UStG) sowie Steuerbeträge, die nach § 6a Abs. 4 Satz 2, § 17 Abs. 1 Satz 6, § 25b Abs. 2 UStG oder von einem Auslagerer oder Lagerhalter nach § 13a Abs. 1 Nr. 6 UStG geschuldet werden			69		
Umsatzsteuer-Vorauszahlung/Überschuss					
Anrechnung (Abzug) der festgesetzten **Sondervorauszahlung** für Dauerfristverlängerung (nur auszufüllen in der letzten Voranmeldung des Besteuerungszeitraums, in der Regel Dezember)			39		
Verbleibende Umsatzsteuer-Vorauszahlung (bitte in jedem Fall ausfüllen) **Verbleibender Überschuss** - bitte dem Betrag ein Minuszeichen voranstellen -			83		

II. Sonstige Angaben und Unterschrift

Ein Erstattungsbetrag wird auf das dem Finanzamt benannte Konto überwiesen, soweit der Betrag nicht mit Steuerschulden verrechnet wird.

Verrechnung des Erstattungsbetrags erwünscht / Erstattungsbetrag ist abgetreten (falls ja, bitte eine „1" eintragen) 29

Geben Sie bitte die Verrechnungswünsche auf einem besonderen Blatt an oder auf dem beim Finanzamt erhältlichen Vordruck „Verrechnungsantrag".

Das **SEPA-Lastschriftmandat** wird ausnahmsweise (z.B. wegen Verrechnungswünschen) für diesen Voranmeldungszeitraum **widerrufen** (falls ja, bitte eine „1" eintragen) 26

Ein ggf. verbleibender Restbetrag ist gesondert zu entrichten.

Hinweis nach den Vorschriften der Datenschutzgesetze:
Die mit der Steueranmeldung angeforderten Daten werden auf Grund der §§ 149 ff. der Abgabenordnung und der §§ 18, 18b des Umsatzsteuergesetzes erhoben. Die Angabe der Telefonnummern und der E-Mail-Adressen ist freiwillig.

Bei der Anfertigung dieser Steueranmeldung hat mitgewirkt:
(Name, Anschrift, Telefon, E-Mail-Adresse)

Datum, Unterschrift

- nur vom Finanzamt auszufüllen -

11 | 19

12

Bearbeitungshinweis

1. Die aufgeführten Daten sind mit Hilfe des geprüften und genehmigten Programms sowie ggf. unter Berücksichtigung der gespeicherten Daten maschinell zu verarbeiten.
2. Die weitere Bearbeitung richtet sich nach den Ergebnissen der maschinellen Verarbeitung.

Datum, Namenszeichen

Kontrollzahl und/oder Datenerfassungsvermerk

Formular zur Jahres-Umsatzsteuererklärung 2015

2015

– Bitte weiße Felder ausfüllen oder ☒ ankreuzen, Anleitung beachten –

An das Finanzamt

Eingangsstempel

Steuernummer

121

Umsatzsteuererklärung

Berichtigte Steuererklärung (falls ja, bitte eine „1" eintragen) 110

50	15	1		99	11

A. Allgemeine Angaben

Name des Unternehmers

ggf. abweichender Firmenname

Art des Unternehmens

Straße, Haus-Nr.

PLZ Ort

Telefon

E-Mail-Adresse

Im Ausland ansässiger Unternehmer
(falls ja, bitte eine „1" eintragen) 125

Bitte fügen Sie in diesem Fall auch die Anlage UN bei.

Dauer der Unternehmereigenschaft
(nur ausfüllen, falls nicht vom 1. Januar bis zum 31. Dezember 2015) vom bis zum

1. Zeitraum .... T T M M T T M M

2. Zeitraum .... T T M M T T M M

Die Abschlusszahlung ist binnen einem Monat nach der Abgabe der Steuererklärung zu entrichten (§ 18 Abs. 4 UStG).
Ein Erstattungsbetrag wird auf das dem Finanzamt benannte Konto überwiesen, soweit der Betrag nicht mit Steuerschulden verrechnet wird.

Verrechnung des Erstattungsbetrages erwünscht / Erstattungsbetrag ist abgetreten
(falls ja, bitte eine „1" eintragen) 129

Geben Sie bitte die Verrechnungswünsche auf einem besonderen Blatt an oder auf dem beim Finanzamt erhältlichen Vordruck „Verrechnungsantrag".

Ein Umsatzsteuerbescheid ergeht nur, wenn von Ihrer Berechnung der Umsatzsteuer abgewichen wird.

Hinweis nach den Vorschriften der Datenschutzgesetze: Die mit der Steuererklärung angeforderten Daten werden auf Grund der §§ 149, 150 der Abgabenordnung sowie der §§ 18, 18b des Umsatzsteuergesetzes erhoben. Die Angabe der Telefonnummer und der E-Mail-Adresse ist freiwillig.

Unterschrift

Ich habe dieser Steuererklärung die Anlage UR

X beigefügt.

X nicht beigefügt, weil ich darin keine Angaben zu machen hatte.

Bei der Anfertigung dieser Steuererklärung einschließlich der Anlagen hat mitgewirkt:

Datum, eigenhändige Unterschrift des Unternehmers

2015USt2A501 - Jun. 2015 - 2015USt2A501

Steuernummer:

Zeile		Kz	Betrag / Bemessungsgrundlage	Kz	Steuer
31	**B. Angaben zur Besteuerung der Kleinunternehmer (§ 19 Abs. 1 UStG)**				
31–32	Die Zeilen 33 und 34 sind nur auszufüllen, wenn der Umsatz 2014 (zuzüglich Steuer) nicht mehr als 17 500 EUR betragen hat und auf die Anwendung des § 19 Abs. 1 UStG nicht verzichtet worden ist.		Betrag volle EUR		
33	Umsatz im Kalenderjahr 2014 (Berechnung nach § 19 Abs. 1 und 3 UStG)	238			
34	Umsatz im Kalenderjahr 2015 (Berechnung nach § 19 Abs. 1 und 3 UStG)	239			
35					
36	**C. Steuerpflichtige Lieferungen, sonstige Leistungen und unentgeltliche Wertabgaben**		Bemessungsgrundlage ohne Umsatzsteuer volle EUR		Steuer EUR Ct
37	**Umsätze zum allgemeinen Steuersatz**				
38	Lieferungen und sonstige Leistungen ... zu 19 %	177			
39	Unentgeltliche Wertabgaben a) Lieferungen nach § 3 Abs. 1b UStG ... zu 19 %	178			
40	b) Sonstige Leistungen nach § 3 Abs. 9a UStG .. zu 19 %	179			
41	**Umsätze zum ermäßigten Steuersatz** Lieferungen und sonstige Leistungen ... zu 7 %	275			
42	Unentgeltliche Wertabgaben a) Lieferungen nach § 3 Abs. 1b UStG ... zu 7 %	195			
43	b) Sonstige Leistungen nach § 3 Abs. 9a UStG ... zu 7 %	196			
44					
45	**Umsätze zu anderen Steuersätzen** ...	155		156	
46					
47	**Umsätze land- und forstwirtschaftlicher Betriebe nach § 24 UStG**				
48	a) Lieferungen in das übrige Gemeinschaftsgebiet an Abnehmer mit USt-IdNr. ...	777			
49	b) Steuerpflichtige Lieferungen (einschließlich unentgeltlicher Wertabgaben) von **Sägewerkserzeugnissen**, die in der Anlage 2 zum UStG nicht aufgeführt sind ...	255		256	
50–51	c) Steuerpflichtige Umsätze (einschließlich unentgeltlicher Wertabgaben) von **Getränken**, die in der Anlage 2 zum UStG nicht aufgeführt sind, sowie von **alkoholischen Flüssigkeiten** (z.B. Wein) ... zu 8,3%	344			
52	Umsätze zu anderen Steuersätzen ...	257		258	
53	d) Übrige steuerpflichtige Umsätze land- und forstwirtschaftlicher Betriebe, für die keine Steuer zu entrichten ist ...	361			
54					
55–56	**Steuer infolge Wechsels der Besteuerungsform:** Nachsteuer/Anrechnung der Steuer, die auf bereits versteuerte Anzahlungen entfällt (im Falle der **Anrechnung** bitte auch Zeile 57 ausfüllen) ...			317	
57	Betrag der Anzahlungen, für die die anzurechnende Steuer in Zeile 56 angegeben worden ist ...	367			
58	**Nachsteuer** auf versteuerte Anzahlungen u.ä. wegen **Steuersatzänderung** ...			319	
59					
60	Summe ... (zu übertragen in Zeile 92)				

2015USt2A502 2015USt2A502

Steuernummer:

Zeile		Kz	Steuer EUR	Ct
61	**D. Abziehbare Vorsteuerbeträge** (ohne die Berichtigung nach § 15a UStG)			
62	Vorsteuerbeträge aus Rechnungen von anderen Unternehmern (§ 15 Abs. 1 Satz 1 Nr. 1 UStG) ...	320		
63	Vorsteuerbeträge aus innergemeinschaftlichen Erwerben von Gegenständen (§ 15 Abs. 1 Satz 1 Nr. 3 UStG) ...	761		
64	Entstandene Einfuhrumsatzsteuer (§ 15 Abs. 1 Satz 1 Nr. 2 UStG) ...	762		
65	Vorsteuerabzug für die Steuer, die der Abnehmer als Auslagerer nach § 13a Abs. 1 Nr. 6 UStG schuldet (§ 15 Abs. 1 Satz 1 Nr. 5 UStG) ...	466		
66	Vorsteuerbeträge aus Leistungen im Sinne des § 13b UStG (§ 15 Abs. 1 Satz 1 Nr. 4 UStG) ...	467		
67	Vorsteuerbeträge, die nach den allgemeinen Durchschnittssätzen berechnet sind (§ 23 UStG) ...	333		
68	Vorsteuerbeträge nach dem Durchschnittssatz für bestimmte Körperschaften, Personenvereinigungen und Vermögensmassen (§ 23a UStG) ...	334		
69	Vorsteuerabzug für innergemeinschaftliche Lieferungen **neuer Fahrzeuge** außerhalb eines Unternehmens (§ 2a UStG) sowie von Kleinunternehmern i.S.d. § 19 Abs. 1 UStG (§ 15 Abs. 4a UStG) ...	759		
70	Vorsteuerbeträge aus innergemeinschaftlichen Dreiecksgeschäften (§ 25b Abs. 5 UStG) ...	760		
71	Summe ... (zu übertragen in Zeile 99)			

E. Berichtigung des Vorsteuerabzugs (§ 15a UStG)

72 Sind im Kalenderjahr 2015 **Grundstücke, Grundstücksteile, Gebäude** oder **Gebäudeteile**, für die Vorsteuer abgezogen worden ist, erstmals tatsächlich verwendet worden?

73 Falls ja, bitte eine „1" eintragen ... 370

(Geben Sie bitte auf besonderem Blatt für jedes Grundstück oder Gebäude gesondert an: Lage, Zeitpunkt der erstmaligen tatsächlichen Verwendung, Art und Umfang der Verwendung im Erstjahr, insgesamt angefallene Vorsteuer, in den Vorjahren - Investitionsphase - bereits

74 abgezogene Vorsteuer)

75 Haben sich im Jahr 2015 die für den ursprünglichen Vorsteuerabzug maßgebenden Verhältnisse geändert bei
1. **Grundstücken, Grundstücksteilen, Gebäuden** oder **Gebäudeteilen**, die innerhalb der letzten 10 Jahre erstmals tatsächlich und **nicht nur einmalig** zur Ausführung von Umsätzen

76 verwendet worden sind? Falls ja, bitte eine „1" eintragen ... 371

2. **anderen Wirtschaftsgütern und sonstigen Leistungen**, die innerhalb der letzten

77 5 Jahre erstmals tatsächlich und **nicht nur einmalig** zur Ausführung von Umsätzen verwendet worden sind? Falls ja, bitte eine „1" eintragen ... 372

78 3. **Wirtschaftsgütern und sonstigen Leistungen**, die **nur einmalig** zur Ausführung von Umsätzen verwendet worden sind? Falls ja, bitte eine „1" eintragen ... 369

79 Die Verhältnisse, die ursprünglich für die Beurteilung des Vorsteuerabzugs maßgebend waren, haben sich seitdem geändert durch

80 ☐ Veräußerung ☐ Lieferung i.S. des § 3 Abs. 1b UStG ☐ Wechsel der Besteuerungsform, § 15a Abs. 7 UStG

81 ☐ Nutzungsänderung, und zwar

82 ☐ Übergang von steuerpflichtiger zu steuerfreier Vermietung oder umgekehrt bzw. Änderung des Verwendungsschlüssels bei gemischt genutzten Grundstücken (insbesondere bei Mieterwechsel)

83 ☐ steuerfreie Vermietung bisher eigengewerblich genutzter Räume oder umgekehrt; Übergang von einer Vermietung für NATO- oder ähnliche Zwecke zu einer nach § 4 Nr. 12 UStG steuerfreien Vermietung

84 ☐

Zeile	Vorsteuerberichtigungsbeträge	Kz	nachträglich abziehbar EUR	Ct	Kz	zurückzuzahlen EUR	Ct
85							
86	zu 1. (Grundstücke usw., § 15a Abs. 1 Satz 2 UStG) ...						
87	zu 2. (andere Wirtschaftsgüter usw., § 15a Abs. 1 Satz 1 UStG) ...						
88	zu 3. (Wirtschaftsgüter usw., § 15a Abs. 2 UStG) ...						
89	Summe ...	357			359		
90			zu übertragen in Zeile 100			zu übertragen in Zeile 97	

2015USt2A503 2015USt2A503

Steuernummer:

F. Berechnung der zu entrichtenden Umsatzsteuer

Zeile			Steuer EUR	Ct
91				
92	**Umsatzsteuer auf steuerpflichtige Lieferungen, sonstige Leistungen und unentgeltliche Wertabgaben** .... (aus Zeile 60)			
93	**Umsatzsteuer auf innergemeinschaftliche Erwerbe** .... (aus Zeile 13 der Anlage UR)			
94	Umsatzsteuer, die vom letzten Abnehmer im innergemeinschaftlichen Dreiecksgeschäft geschuldet wird (§ 25b Abs. 2 UStG) .... (aus Zeile 20 der Anlage UR)			
95	Umsatzsteuer, die vom Leistungsempfänger nach § 13b UStG geschuldet wird .... (aus Zeile 27 der Anlage UR)			
96	Umsatzsteuer, die vom Auslagerer oder Lagerhalter geschuldet wird (§ 13a Abs. 1 Nr. 6 UStG) .... (aus Zeile 30 der Anlage UR)			
97	Vorsteuerbeträge, die auf Grund des § 15a UStG zurückzuzahlen sind .... (aus Zeile 89)			
98	Zwischensumme			
99	**Abziehbare Vorsteuerbeträge** .... (aus Zeile 71)			
100	Vorsteuerbeträge, die auf Grund des § 15a UStG nachträglich abziehbar sind .... (aus Zeile 89)			
101	Verbleibender Betrag			
102	In Rechnungen unrichtig oder unberechtigt ausgewiesene Steuerbeträge (§ 14c UStG) sowie Steuerbeträge, die nach § 6a Abs. 4 Satz 2 UStG geschuldet werden	318		
103	Steuerbeträge, die nach § 17 Abs. 1 Satz 6 UStG geschuldet werden	331		
104	Steuer-, Vorsteuer- und Kürzungsbeträge, die auf frühere Besteuerungszeiträume entfallen (nur für Kleinunternehmer, die § 19 Abs. 1 UStG anwenden)	391		
105	**Umsatzsteuer** / **Überschuss** - bitte dem Betrag ein Minuszeichen voranstellen			
106	Anrechenbare Beträge .... (aus Zeile 22 der Anlage UN)			
107	**Verbleibende Umsatzsteuer** **(bitte in jedem Fall ausfüllen)** / **Verbleibender Überschuss** – bitte dem Betrag ein Minuszeichen voranstellen -	816		
108	Vorauszahlungssoll 2015 (einschließlich Sondervorauszahlung)			
109	**Noch an die Finanzkasse zu entrichten** - Abschlusszahlung - / **Erstattungsanspruch** – bitte dem Betrag ein Minuszeichen voranstellen – **(bitte in jedem Fall ausfüllen)**	820		

Zeile	
114	**Bearbeitungshinweis**
115	1. Die aufgeführten Daten sind mit Hilfe des geprüften und genehmigten Programms sowie ggf. unter Berücksichtigung der gespeicherten Daten maschinell zu verarbeiten.
116	2. Die weitere Bearbeitung richtet sich nach den Ergebnissen der maschinellen Verarbeitung.
118	Kontrollzahl und/oder Datenerfassungsvermerk

2015USt2A504 2015USt2A504

Index/Stichwortverzeichnis

Über das Buch

In diesem Buch werden alle Bereiche des betrieblichen Rechnungswesens abgedeckt, so dass einem Start ins Berufsleben nicht im Wege steht. Die Basis hierfür war der IHK-Prüfungskatalog für das Berufsbild „Bürokauffrau“. Dem Leser werden sämtliche Lerninhalte vermittelt, die zum einen eine gute Basis für das Bestehen der schriftlichen Prüfung sind. Zum anderen bildet der behandelte Stoff einen adäquaten Grundstock für die Arbeit im Rechnungswesen.

Über den Autor

Wolf-Dieter Schellin (*1964) ist gelernter Industriekaufmann mit berufsbegleitenden Fortbildungen unter anderem zum Ausbilder (AdA) und zum Bilanzbuchhalter (IHK). Seit 1987 ist er im Bereich des betrieblichen Rechnungswesens tätig. Im Jahr 2009 nahm der Autor seine Arbeit in der Erwachsenenbildung auf. Er ist zudem Mitglied im Prüfungsausschuss für Kaufleute für Büromanagement der Industrie- und Handelskammer. Im Selbstverlag erschienen bereits weitere Fachbücher.

Hilfreiche Links

Alle abgebildeten **Belege und Rechnungen** finden Sie großformatig und in Farbe unter www.fantastic-german-furniture.jimdo.com.

Aktuelle Gesetzestexte sind unter www.gesetzte-im-internet.de verfügbar.

Für **weitere Information** und **Lernmaterial,** sowie einen Link zu den vom Autor angebotenen **Schulungen** rufen Sie bitte die Homepage www.kbm.education auf.

Buchen Sie meine Webinare!

Ich biete in Zusammenarbeit mit der Lern-Plattform ***edudip.com*** Webinare aus dem Bereich des Rechnungswesens an.

Informieren Sie sich auf der Webseite **www.edudip.com/academy/wolf-dieter.schellin** über die nächsten Seminartermine. Sie werden feststellen, dass die Gebühren sehr moderat gehalten sind und Sie aus einer großen Zahl an Einzelseminaren auswählen können. Zum Beispiel:

- Entgeltabrechnung
- Buchen von Skontoabzug
- Nachlässe im Einkaufs- und im Verkaufsbereich
- Begriffe der Kosten- und Leistungsrechnung
- Ergebnistabelle
- Betriebsabrechnungsbogen
- Gemeinkostenzuschlagsätze
- Kalkulation der Selbstkosten
- ...

Die Webinar-Folge ist wie ein *Circle-Training* angelegt. Hat man einen Termin verpasst, kann man ein paar Wochen später am nächsten Webinar teilnehmen.

→ www.edudip.com → Startseite → Suchfeld → „schellin“

Mein Buch “Kosten- und Leistungsrechnung“ ist im Januar 2016 erschienen und widmet sich ausschließlich der KLR.

Paperback, 124 Seiten
ISBN 978-3739218472
ab € 8,99

Seit Januar 2016 ist dieses Buch im internationalen Buchhandel erhältlich. Die Grundlagen des deutschen Buchführungssystems werden hier in englischer Sprache vermittelt. Ein Buch, das auch für deutsche Muttersprachler von Interesse ist.

Paperback, 168 Seiten
ISBN 978-3732366767
ab € 12,99

Bildnachweis

Seite 11	geralt/pixabay.com
Seite 12	leestilltaolcom/pixabay.com
Seite 13	jaymethunt/pixabay.com
Seite 15	Wolf-Dieter Schellin
Seite 18	Hermann/pixabay.com
Seite 19	Bilderandy/pixabay.com
Seite 22	stevepb/pixabay.com
Seite 23	PublicDomainPictures/pixabay.com
Seite 35	jackmac/pixabay.com
Seite 47	Iwona_Olczyk/pixabay.com
Seite 56	Antranias/pixabay.com
Seite 63	YvonneH/pixabay.com
Seite 66	Tappancs/pixabay.com
Seite 68	myrhome/pixabay.com
Seite 75	TBIT/pixabay.com
Seite 77	Skitterphoto/pixabay.com
Seite 79	skeeze/pixabay.com
Seite 91	Stevepb/pixabay.com
Seite 111	Life-Of-Pix/pixabay.com
Seite 120	BarryHardman/Pixabay.com
Seite 126	stevepb/pixabay.com
Seite 127	markusspiske/pixabay.com
Seite 128	unsplash/pixabay.com
Seite 179	antmoreton/pixabay.com
Seite 181	BenKerckx/pixabay.com
Seite 182	Wolf-Dieter Schellin
Seite 189	kropekk_pl/pixabay.com
Seite 192	Cunselling/pixabay.com
Seite 194	DasWortgewand/pixabay.com
Seite 201	PublicDomainPictures/pixabay.com
Seite 202	Foto-Rabe/pixabay.com
Seite 205	geralt/pixabay.com
Seite 210	blickpixel/pixabay.com
Seite 218	topview/pixabay.com
Seite 219	seografika/pixabay.com